20世纪现代园林发展系列丛书

英国现代园林

尹豪　贾茹　著

中国建筑工业出版社

图书在版编目（CIP）数据

英国现代园林／尹豪，贾茹著 .—北京：中国建筑工业出版社，
2016.8
（20世纪现代园林发展系列丛书）
ISBN 978-7-112-19493-3

Ⅰ.①英… Ⅱ.①尹…②贾… Ⅲ.①园林艺术—研究—英国
Ⅳ.① TU986.656.1

中国版本图书馆 CIP 数据核字（2016）第 128815 号

责任编辑：杜　洁　兰丽婷
责任校对：王宇枢　张　颖

20世纪现代园林发展系列丛书
英国现代园林
尹豪　贾茹　著
＊
中国建筑工业出版社出版、发行（北京海淀三里河路9路）
各地新华书店、建筑书店经销
北 京 嘉 泰 利 德 公 司 制 版
北京画中画印刷有限公司印刷
＊
开本：787×1092毫米　1/16　印张：9　字数：187千字
2017 年 3 月第一版　2017 年 3 月第一次印刷
定价：38.00元
ISBN 978-7-112-19493-3
　　　（28798）
版权所有　翻印必究
如有印装质量问题，可寄本社退换
（邮政编码 100037）

前　言

　　英国园林是继意大利园林和法国园林之后，欧洲园林史上第三个发展高峰。对世界园林的发展产生了重要的影响,具有很强的研究意义。然而在国内,英国在近百年来的资料是分散且不具有系统性。特别是 20 世纪现代主义设计思潮席卷美国和欧洲的这段时期，对于英国是否也受到了现代主义运动的影响一直是众说纷纭。

　　国内对于现代园林发展的介绍，最为全面的是美洲的发展，其次是欧洲大陆，英国的介绍多是作为现代园林发展的起源提及。现代园林的发展在英国有着代表性的事件——工艺美术运动，有着代表性的人物——格特鲁德·杰基尔、克里斯托弗·唐纳德和杰弗里·杰里科。但是，英国现代园林究竟是如何脱壳于经典的英国自然风景园？工艺美术运动对于英国现代园林的影响究竟有多深？为何更多的观点认为英国现代园林的发展受到了迟滞？本书梳理了 20 世纪英国园林的发展，粗略地勾勒出英国现代园林的发展脉络，将标志性的事件、重要的人物呈现于连续的英国园林发展历程之中，以飨读者。

　　对于英国现代园林的关注起于自己博士阶段的研究，当时迷恋于现代园林的新奇形式，醉心于美轮美奂的英国花园，执着地想探究其中的奥妙。也是在植物园工作的经历，自认为研究以植物景观为特色的工艺美术花园是当仁不让的职责。2013 年急切地前往英国做访问学者，依然是这种执念在作祟。计划访学英国之前，王向荣教授为自己指点迷津，可以扩展研究英国现代园林的发展脉络。回国之后，因循导师的指引，开始着手整理 20 世纪英国现代园林的发展脉络。适逢指导贾茹同学做毕业论文，就与其共同研究整理，补充完善了很大一部分内容，加上之前的研究成果，终成初稿。

虽有雄心壮志，满怀激情，今日成书出版，却是心中惴惴不安。作为一个外国的学者研究英国现代园林的发展，且不说语言文字上的障碍，就资料的充足性而言就是很大的问题。管窥之见，望业内专家学者指正批评。

本书出版得到中央高校基本科研业务费专项资金资助（项目编号 TD2011-27），北京市共建项目专项资助。

尹豪

北京林业大学学研大厦

2016 年 4 月 29 日

目 录

释义现代主义园林

现代、现代园林与现代主义园林

　　想要探索现代主义园林，首先要对"现代"、"现代园林"和"现代主义园林"有所了解。"现代"作为一个具有时间概念的词汇，在学术界，通常是指从 17 世纪开始到现在的这段时期[①]。"现代园林"同样是对一段时期的园林设计进行描述，但不及"现代"一词所涉及的范围广，主要是指从 19 世纪中叶奥姆斯特德开创美国城市公园以来这段时期的园林设计。这段时期，城市受工业革命的影响出现了一系列的问题——脏乱的街道、污染的水源、污浊的空气，为了解决这些问题，园林被纳入到了城市体系之中，倡导"尊重人性、尊重自然"、"人与自然之间动态平衡"以满足人类渴望回归自然的愿望，因而通常表现为自然式的风格。而"现代主义园林"是指在现代主义思想影响下产生的一种设计语言。它有别于以往任何一种传统的设计风格，具有全新的特质，例如：简洁的线条、非对称的动态平衡以及对功能性的重视等等。三者相似却又完全不同，特别是"现代园林"与"现代主义园林"，以奥姆斯特德的城市公园运动为开端的"现代园林"虽然使用了全新的手段来处理城市内部关系，但是从形式上来说，并没有像"现代主义园林"一样使用全新的设计语言，仍然保留有传统的特征。这就是为什么汤姆·特纳（Tom Turner）在撰写《英国园林》（*British Garden*）和《世界园林史》（*Garden History: Philosophy and Design 2000BC-2000AD*）时，直接使用抽象现代园林（abstract modern garden）一词，这一方面避免了与现代园林的混淆，另一方面则充分表现出现代主义园林的特质——运用抽象的设计语言。

现代主义园林产生的基础

　　现代主义思想从各个方面影响着我们，改变了我们的思维形式与价值观[②]。与园林相比，建筑与艺术领域要更早的受到来自现代主义的影响。现代绘画起始于 1864 年；现代主义雕塑从罗丹（Auguste Rodin）晚期作品中成长而来，但是受到立体主义的影响其在 1906 年有了新的倾向；现代主义音乐起始时间大约在 1890~1910 年，现代主义文学是在 1900~1920 年。至于现代主义建筑则稍晚，起始于 20 世纪 20 年代。园林设计是在这之后才受到影响，加之园林设计师多数都曾受到艺术的熏陶，而建筑则与园林联系紧密，因而我们可以认为园林从现代主义艺术和现代主义建筑中获得了灵感，提炼了设计语言。

---

① 罗枫. 现代主义和现代园林——现代主义对西方现代园林影响初探 [D]. 南京：南京林业大学，2003。
② 王受之. 世界现代建筑史 [M]. 北京：中国建筑工业出版社，2012。

（一）现代主义艺术与园林

18世纪末19世纪初德国哲学家康德（Immanuel Kant，1924~1804年）曾经说道："园林艺术是绘画艺术的一个变种。"可见现代主义艺术对现代主义园林有着很深的影响，这种影响最早可以追溯到19世纪60~90年代产生的印象派。印象派注重对光线和色彩的揣摩，其作品将色彩与光感美表达到了极致，对当时的园林种植产生了很大的影响。印象派画家莫奈（Claude Monet，1840~1926年）曾在法国吉维尼小镇设计了一座私家花园，他将大地作为调色盘，将形形色色的植物点缀于其上，表现出色彩的协调性。不同于传统的法国园林，这里的植物不会被修剪，而是以展现其自然生长的形态为美。

1907年，立体派画家毕加索（Pablo Picasso，1881~1973年）和布拉克（Georges Braque，1882~1963年）在二维空间中表达了三维甚至四维的效果。这种绘画方式对现代主义建筑和园林都产生了巨大的影响，同时还影响了装饰设计。立体派园林中比较具有代表性的是盖伍莱康（Gabriel Guevrekian，1900~1970年）在1925年设计的"水与光之园（Garden of Water and Light）"，这个园林是为巴

莫奈的《日本桥》（左）
毕加索的《弹曼陀林的少女》（右）

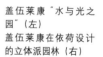

盖伍莱康"水与光之园"（左）
盖伍莱康在依荷设计的立体派园林（右）

黎装饰艺术博览会所设计。一个大的等边三角形被划分成若干个小三角形。园子中间放置了四个水池，其上有一个可以内部发光的球体，每至夜晚，其发出的光芒都会给整个设计带来生气。次年，盖伍莱康又在法国南部的依荷地区设计了一个立体派园林。设计主体由几个几何方块组成，带有绚丽的色彩。两个园林都因其全新风格而在当时受到人们的喜爱。

1910 年前后，以康定斯基（Vasily Kandingsky，1866~1944 年）为代表的抽象艺术登上了舞台。其绘画成了日后许多现代主义园林的设计语言。例如艾克博（Garrett Eckbo）设计的金石花园（Goldstone Garden，1948 年）就参考了康定斯基的《构图 8 号》（*Composition VIII*，1923 年），在平面构图上借用了其中的圆、半圆、三角和网格等语言符号。随后在 1913 年，马列维奇（Kasimier Severinovich Malevich，1878~1935 年）的《白底上的黑色方块》问世，成为至上主义的第一件作品。至上主义主要运用方块、三角形、圆形等集合图形作为"新的象征符号"来进行绘画创作。与康定斯基、马列维奇同为第一代抽象艺术大师的还有蒙德里安（Piet Mondrian，1872~1944 年），他将抽象主义发挥到极致，创立了风格派。风格派旨在探索设计的"抽象化与简化"，倡导最简单的几何形式以及最纯粹的色彩组成。其绘画往往运用正交直线将图面简化成一

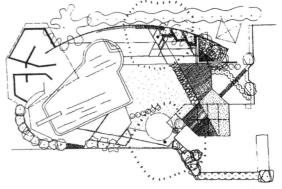

康定斯基《构图 8 号》（左）

艾克博设计的"金石花园"（右）

马列维奇《白底上的黑色方块》（左）

蒙德里安《红黄蓝构图》（右）

个个立体方格，并表现出不对称的形式。这种绘画风格也对园林产生了很大的影响，很多现代主义设计师会在空间组织和平面构成时参考风格派的绘画。例如丹·凯利的米勒花园以及约翰·布鲁克斯为企鹅系列丛书设计的花园。

对日后园林产生影响的还有在 20 世纪 30 年代出现的超现实主义，代表性的当属胡安·米罗（Joan Miro，1893~1983 年）。其作品往往神秘而生动，并包含了大量的有机形体例如肾形、卵形、阿米巴曲线等等[①]。这些形体给日后许多园林设计师提供了设计语言，例如托马斯·丘奇和布雷·马克思等，他们的作品中经常会用这种形式语言来创造出简洁而流动的平面。

（二）现代主义建筑与园林

在现代主义思想中，园林是建筑的延伸，是室外的屋子，因而要服务于建筑，所以往往会从建筑中提取艺术符号作为园林设计的依据。而许多现代主义建筑大师在进行建筑设计的探索和实践中，对建筑与环境的关系以及景观的设计都有着自己的思想和理念。这些理念对现代主义园林设计产生了积极的影响。现代主义建筑从空间理论和设计形式两个方面对园林产生了影响。

现代主义建筑一个很大的成就就是形成了全新的空间概念。例如密斯·凡·德·罗在 1929 年巴塞罗那世界博览会上设计的德国馆。整个设计包含了三个展示空间和两部分水域，建筑外观没有任何多余的装饰，材料选取了钢材、玻璃以及大理石，整个设计给人以简洁高雅的感觉。内部由 8 根十字形的柱子支撑着，不同空间相互分隔却又能够相互渗透、交错，室内外的空间也相互穿插融合，体现了空间的流动性。该设计所表现出的空间处理关系对日后的景观设计影响深远。

现代主义建筑的外观也对园林的设计形式产生了影响，因为园林和建筑是息息相关的，建筑的外观发生了变化，与之搭配的园林也会受到影响。所以

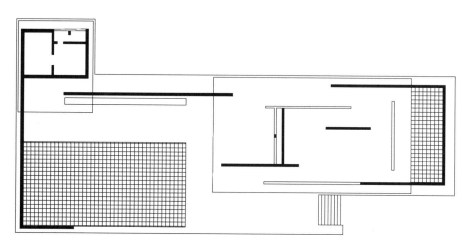

巴塞罗那世博会德国
馆平面图

① 付倩. 新的乐章——立体主义之于现代景观设计的启示[J]. 现代园林，2010，(10)：11-15.

当建筑受到了现代主义的影响，脱离传统的束缚，形成具有新风格的建筑形式的时候，园林也必然会形成与传统园林截然不同的风格和形式。例如现代主义园林追求简洁、明快的构图风格或多或少就是受到建筑"少即是多"这一思想的影响。此外，表现主义也对园林构图产生了影响，表现主义最早出现在绘画领域，重视视觉效果的艺术家通过强烈的扭曲变化来产生一种视觉的冲击力。建筑领域则表现为夸张的外观、流线的造型以及运动感。比较具有代表性的是门德尔松，他的设计中往往会有大量弧线和曲线的运用。他设计的爱因斯坦天文台被认为是表现主义的典型代表。门德尔松后来又前往英国和荷兰以及美国，对这些国家的建筑和景观都有着很深刻的影响。

（三）工艺美术运动与新艺术运动

在工业革命之后，机械工艺逐渐代替了手工业，从此技术与艺术分离，机器大生产出现了。很多商家不惜以功能作为代价，借助矫揉造作、奢华烦琐的维多利亚风格来提高身价。这种脱离生活的做法遭到了拉斯金（John Ruskin）和莫里斯（William Morris）等人的反对[1]。被设计界称为"现代设计之父"的莫里斯提出："不仅要还生活以艺术，还公众以艺术，并且要将艺术与功能结合起来。"在他的影响下，很多建筑师和艺术家都进行了设计上的改革，这段时期的改革被称为"工艺美术运动"[2]。

工艺美术运动反对华而不实的维多利亚风格，强调功能性并提倡哥特风和中世纪风，反对烦琐的装饰，追求简洁、朴实无华的图案；取材于自然，图案上往往有着对称的结构以及缠绕的曲线；强调手工创作，反对低劣的工业制品[3]。这个时期最具代表性的园林设计师当属格特鲁德·杰基尔（Gertrude Jekyll，1843~1932年）和埃德温·路特恩斯（Edwin Lutyens）。他们深受工艺美术运动的影响，主张设计源于自然，并将一些乡土材料及建筑方法运用到了园林设计中去[4]。二者的出现，终结了园艺师和建筑师关于自然式园林和规则式园林的争吵，并创造了规则式布局自然式种植。其开创的园林设计风格在英国乃至整个欧洲大陆都产生了深远的影响。

而后兴起的新艺术运动则是工艺美术运动在欧洲大陆的延续与传播，两者之间有着一定的不同。后者认为工业化的生产是社会发展中必然会经历的一环，因而没有表现出对工业化的排斥。同时新艺术运动抛弃了一切传统装饰风格，主张彻底地回归自然。

新艺术运动引导欧洲抛弃了写实性转而向抽象性发展，主要对建筑和绘画产生了比较大的影响，其对于园林的影响要远远小于工艺美术运动[5]。尽管

① 沈宁云. 现代景观设计思潮 [M]. 武汉：华中科技大学出版社，2009。
② 段拥军，阿牛阿且. 工艺美术运动中的风景园林 [J]. 井冈山医专学报，2009，16（5）：60-61。
③ 张禹，王德平. 对现代设计源头的再思考 [J]. 吉林工程技术师范学院学报，2006，22（4）：69-72。
④ 高亦珂. 格特鲁德·杰基尔的作品与著作 [J]. 风景园林，2008，（6）：98-100。
⑤ 张斌. 现代哲学、美学影响下的西方景观设计解读 [D]. 武汉：华中农业大学，2003。

如此，它对日后的园林设计产生的影响仍是不可否认的。其对自然曲线与直线几何形式的强调为日后现代景观奠定了形式的基础，是现代主义到来之前有益的探索和准备 ①。

现代主义园林的特征

现代主义对景观的贡献就在于它为当代景观提供了一系列新的设计手法和设计理念，使其脱离了传统的束缚。事实上在 20 世纪之前，很多设计师在进行园林设计的时候总强调"风格"。简言之，就是将某种风格、某种固定的模式套用到园林中去，再加以改进。虽然这是对传统的继承与发展，却难免会对设计师的思想产生束缚。而现代主义的到来让设计师得以不局限于过去的条条框框，根据自身的经验创造出最符合场地需求的设计。

现代主义对于园林的影响最明显的体现在形式上，它为园林带来了抽象的设计语言，利用如同现代主义绘画中那样优美的曲线或是干净利落的几何图形来产生活泼与明快的空间，而不像古典主义园林那样只局限于用轴线和视线来组织空间。此外不同于以往设计的还有对非对称构图的追求，现代主义园林强调动态平衡。

功能主义也是现代主义园林的特征之一。它强调以人为本，园林服务于生活，重视经济可行性与空间的多用途性。依照现代哲学的观点，园林的作用在于休憩、娱乐和欣赏美景，园林设计师的工作就是要在经济下滑和生活方式变化的背景下提供这些功能，在人的需求与自然之间寻找和谐，设计有实际功能的空间。

现代主义建筑中的典型特征——新材料的使用也同样被现代主义园林吸收。谢菲尔德曾担心"现代主义园林能否成为现代主义建筑的忠实伙伴"，因为"像玻璃、钢材和混凝土这样的现代材料天生就不适合应用在园林设计中"②。早期的庭院设计对于新材料的使用确实具有局限性，但由于园林设计对象变得更广泛，设计尺度也不断增大，技术的提高也让新材料的运用变得更加纯熟，这一时期新材料的使用就很常见了。

---

① 王向荣. 新艺术运动中的园林设计 [J]. 中国园林，2000, 16（03）：84-87。
② （英）Tom Turner 著. 林菁等译. 世界园林史 [M]. 北京：中国林业出版社，2011。

19世纪英国奢华、迷乱的造园取向

　　20世纪现代园林的发展总要溯源到工艺美术运动的影响，而这一运动就发生在19世纪的英国。受其影响20世纪的英国出现了独领风骚的工艺美术花园，开启了英国现代园林的探索之路。工艺美术花园的形成深深地扎根于传统，是在传统园林的基础上慢慢转变而成，但是19世纪的繁华是工艺美术花园萌生的肥沃土壤。那时的英国涌动着各种各样的造园思想，呈现着迷乱的造园风格，奢华的维多利亚时期造园昭示着"日不落帝国"的辉煌。

维多利亚时期迷乱的造园风格

（一）高度繁荣的经济与光辉灿烂的文化

　　英国女王维多利亚在位的时期（1838~1901年）在历史上被称作"维多利亚时代"。维多利亚时代中期，英国达到强盛的顶峰。当时，英国的生产能力比全世界的总和还要大，处于自由贸易的鼎盛时期，对外贸易额超过世界上任何一个国家。英国的经济持续增长，英国的富庶为世界所瞩目。

　　19世纪是一个科学成果辈出的世纪，英国科学家几乎在每一个领域都做出了杰出贡献。比如约翰·道尔顿在原子理论方面，迈克尔·法拉第在电磁学方面，J·R·焦耳在热力学方面，詹姆斯·赫顿在地质学方面等等。崇拜科学是当时的社会风尚，普通百姓也相信科学的伟大，力图用科学的方法去思考问题。达尔文进化论是其中的杰出成就之一，有力地推动了植物学的研究。

　　这一时期也是文学和艺术作品辈出的时代。有著名的作家查尔斯·狄更斯、萨克雷、勃朗特姐妹、托马斯·哈代，以及世人所熟知的神探福尔摩斯形象的塑造者科南道尔。诗歌方面有田尼森，在美术方面最应该提到的是特纳和康斯太勃尔的浪漫主义绘画，以及世纪中期出现的"拉斐尔前派"（pre-raphaelite）。而开始现代设计探索之路的工艺美术运动出现于19世纪下半叶。

　　维多利亚时代经济上的高度繁荣与文化上的光辉灿烂，为英国花园的发展奠定了基础。随着经济的发展，日益壮大的中产阶级推动了乡村住宅的建设和村舍花园理想的兴起。在科学发展的帮助下，人们对于植物的收集、研究的情绪空前高涨。受田尼森诗歌和拉斐尔前派绘画的影响，整个19世纪对老式花园有着持久的兴趣。[①]绘画理论和色彩科学的发展也深深地影响了英国花园的设计风格。

（二）维多利亚设计风格

　　维多利亚时期在欧洲和美国曾经一度风行的建筑和装饰风格被称为"维多利亚风格"（Victorian style）。维多利亚风格是英国和美国19世纪建筑、室内

---

① Richardson，Tim.English Gardens in the Twentieth Century [M]. Aurum Press，2005：20。

设计、园林和环境艺术、家具和产品设计、平面设计上流行的一种特殊风格。准确地说它不是一种统一的风格，而是许多欧洲古典风格折中混合的结果。这种风格的流行，代表了新生的资产阶级企图利用烦琐、华贵的设计来炫耀自己财富的愿望。它实质上是古典折中主义，表现出一种高度烦琐的装饰特征，具有明显的违反功能第一的倾向。

维多利亚风格的烦琐装饰刺激了许多设计家，他们一方面对于具有强烈怀古情绪的哥特复兴风格十分喜爱，同时也希望摆脱烦琐折中的设计倾向。因此，在英国维多利亚风格的晚期，出现了"工艺美术运动"。[1]

维多利亚女王的统治时期是工业革命主导的时代。人们在谴责科学和技术所带来的强制和弊端的同时，也找到了让中层社会的人们塞满口袋的致富之路。新富阶层将价值的体现转向了在新郊区建造住宅上，那里的花园不再是上层社会的奢侈品，而是变成了一种社会上的普遍追求。

维多利亚时期的花园风格是折中式的。维多利亚时期在工程方面是高度创新的，但是在建筑设计上却不断地重复历史风格。与建筑行业十分相似，该时期的花园堆砌着丰富的外来植物，混乱的审美思想使各种外来植物以新奇的形式、肌理和颜色混乱地叠加在一起，这种状态一直持续到19世纪末。维多利亚时代对于景观的最大贡献是在社会方面和科学方面，公园的产生缓解了工业社会所造成的令人压抑的社会状况，新植物的引入伴随园艺科学的创新使英国的园艺行业取得了兴盛的发展。

以前还只是业余爱好的植物收集活动变成了专业植物收集者的工作，他们由园艺学会和大的商业苗圃资助在世界范围内搜集植物。丰富的植物材料奠定了维多利亚时期花园设计的基础，对于植物材料狂热的收集产生了在花园中展示植物的急切需求，因而使地毯式花坛（carpet bedding）和花卉移栽（bedding out）成为维多利亚时期花园的主要内容。[2] 花床（floral bedding）是维多利亚时期所采用的主要种植形式，目的在于展示园艺工作者的成果。1822年，劳敦在百科全书中称这种方式可以塑造"不断变化的花园"，并进行了详细的解释：所有的植物都是盆栽的，在花圃或预备地中培育；一旦开始开花就移入花园中，当花有衰败的迹象就移走，用其他的花卉代替。1822年更为普遍的是花卉和灌木混栽的"混合式花卉园"，但是到了1840年代，地毯式花坛变得狂热。花卉园看起来像鲜亮的地毯，造园者竞相建造新奇而令人目眩的花卉展示园。[3]

在20世纪维多利亚风格退出了历史潮流，但在19世纪这些花园最为流行，其壮丽而令人振奋的景观令很多花园拥有者十分迷恋。维多利亚花园充满了装饰上和园艺上的变化，华丽的花坛和花床里栽种的成百上千种一年生花卉，在

① 王受之.世界现代建筑史[M].北京：中国现代建筑工业出版社，1999：47。
② Shoemaker, Candice A.Encyclopedia of Gardens: History and Design.1380-1382。
③ Turner, Tom.Garden Design in the British Isles History and styles since 1650。

几何式花坛里以绣纹图案的形式展现；装饰性的浴盆和坛罐被放在台地上或门墩上；喷泉、水池、雕像和修剪的篱笆活跃着气氛。

（三）英国村舍花园的发展

英国村舍花园（cottage garden）在 19 世纪得到了兴盛的发展。其实早在伊丽莎白时期（1558~1603 年）英国的工人阶级就开始在他们的小花园里种植蔬菜。到了詹姆士一世时期，在全国开始出现富人建造的乡村建筑，每栋住宅都带有一个规则花园。花园作家沃里奇（John Worlidge）曾评论说，英国如此热衷于花园以至于很难发现没有花园的村舍。18 世纪村舍花园开始被围起，之前由于农民对土地拥有的不稳定性，他们的花园可能一夜之间消失。苏格兰园林设计者劳顿（John Claudius Loudon），通过出版《花园者的杂志》提出为农民提供一定面积的场地用于种植食物以轻松养活普通家庭的思想。通过劳顿和同时代的其他改革者的努力，农民被给予更多的土地来耕种。这在一定程度上，为村舍花园的存在和发展提供了保障。但到了 18 世纪末，贵族成员开始把村舍花园作为一种简朴的、回归自然的休闲方式。19 世纪末 20 世纪初兴起的村舍花园理想更多的是源自于这一运动，与早先农民用来养家糊口的村舍花园原型相差很远。

村舍花园的发展、兴起与 19 世纪英国社会迷恋乡村的热潮有很大的关系。在 18 世纪，乡下村舍的理想成为英国回归乡野思潮的主要方面，到 19 世纪的末期达到顶峰，此时大批的水彩画家从都市奔往乡村寻找可以入画的村舍景观进行创作，并在市场上销售。几位 19 世纪晚期的艺术家描绘的花园景色体现了村舍花园的精神。比如，海伦·阿林厄姆（Helen Allingham，1848~1926 年）、艾尔古德（G.S.Elgood，1851~1943 年）、丽莲斯坦纳（Lilian Stannard，1877~1944 年）等人所画的盛花期的花境、高高的蜀葵、修剪的绿篱和月季花架。甚至儿童文学也以村舍花园为题材进行创作。

到了 19 世纪下半叶，由丰富的植物和各种风格混乱堆砌的维多利亚式花园遭到了质疑与声讨，与此同时村舍花园为许多崇尚工艺美术运动精神的设计师所认同。自然不规则的形式和以乡土植物为主要特征的村舍花园与工艺美术运动所主张的设计上真实、诚挚和崇尚自然形态的思想不谋而合，因而在工艺美术运动的推动下，村舍花园得到了发扬光大。

起初的村舍花园大概是产生于英国农舍的前院，面积很小，由花卉、蔬菜和果树组成，厨用和药用植物种在房屋附近，有一条道路由花园中心通往房屋前门。花园更多是基于功能考虑而不是装饰作用，后来才有了为装饰而用的花卉，但是花卉必须能自我生存，因为人们更多的时间是用来照料蔬菜，无暇顾及花卉的生长。花园中除了果树很少有场地栽植观赏的灌木。

花园中的蔬菜出于实用的考虑栽植成行，使花园有一种秩序和精致的感觉。虽然种植成排，蔬菜却仍被看作是装饰性的，以在颜色、形式和肌理上产生对比。花卉被种在可以生长的任何地方，任其自我繁衍。多年生和一年生自播花卉最受欢迎，因为采摘后春天不需要重新播种。一旦有地方就种上新的植物，而设计问题经常被忽略。

果树经常靠农舍而栽，或是以墙树的形式出现。自由攀爬在墙、藤架、屋顶上的月季等攀缘植物有助于建筑和周围环境的统一。道路采用当地的材料建造，经常是选用当地的石头或是破碎的砖瓦。起初，蜂箱也是村舍花园的特征之一，但随着人们兴趣爱好上的减退而渐渐消失了。大多数花园用墙或篱作围合，门和门道被给予特别的重视，常用饰以爬藤的拱门或者在植物修剪上予以强调，门道也经常被覆以藤架或是点缀盆栽植物。

村舍花园选用的植物很多。传统花园植物包括老式月季、牡丹、飞燕草、蜀葵、罂粟、丁香、百合、耐寒天竺葵、猫薄荷、颉草。当杂交种和外国植物介绍到英国，造园者将它们结合进村舍花园，但其依旧钟爱野生植物和能自我繁殖的花卉。被认为是乡村风格的现代花园依旧是老式多年生植物的组合，从晚春一直到夏天，形成繁茂、浪漫、自然的景色。

村舍花园的空间尺度亲切，主要关注花园自身。没有修剪草坪，借景，或是远景。如果花园临路，花卉被种在前面，蔬菜被藏在后面。如果花园要求更为私密，花卉将会沿路而栽，蔬菜闪在两边。

亲切的尺度、乡土化的特征和自然的风格为工艺美术时期许多赞成不规则式花园风格的设计师所认同，"村舍花园"体现了工艺美术运动的精神，强调自然，钟爱本地材料。因而很多自然场地为工艺美术花园所借鉴。自然式种植的主要倡导者罗宾逊（William Robinson）将村舍花园推广到了英国的上层阶级，杰基尔则将该种风格向前推进了一大步，把随意的布置形式变成了详细的规划，她把植物的颜色、形式和植物之间的关系融入自己的设计。罗宾逊自然主义种植的思想和杰基尔艺术化的植物搭配方式使村舍花园得到了提升与推广，村舍花园的很多特征在工艺美术花园中得到了发扬光大。

传统上村舍花园用来生产人们的日常生活必需品，通常是丈夫管护蔬菜，妻子照料花卉。不像20世纪由专业人员所建造的工艺美术花园，需要雇佣很多园丁进行专门的管理。[①]

（四）植物搜集与园艺式造园风格

19世纪，丰富的植物种类开始成为花园风格的重要特征。原产于英国的植物种类仅1700种，自16世纪开始，英国不断地从世界各地收集植物。到了18世纪，越来越多的外来植物在英国出现，等待着去认识、分类和培育。许多植物首先被苗圃人员引入和培育，1700年在伦敦大约有15个苗圃，到了1730年这一数目几乎翻倍。花园设计上渐渐出现了新的不规则式的喜好，这

---

① Shoemaker, Candice A. Encyclopedia of Gardens History and Design [M]. Chicago, Illinois: Fitzroy Dearborn Publishers, 2001: 326-328。

一变化刺激着对不同树种的需求。在规则式设计中需要的是大量标准的树木和培育成型的绿篱植物，而18世纪发展的风景式造园需要更多的树木品种和自然生长的植物。植物收集开始只是业余的兴趣，但到了18世纪末这一工作变得越来越专业，经过特别培训的植物收集人员由植物园和苗圃派往世界各地。新成立的园艺学会和正在发展的邱园出于实践上和科学上的目的鼓励收集人员从世界各地搜罗植物，而并非是纯粹为花园装饰上的需求。苗圃派出自己的收集者去寻求新的植物来扩充植物的储存库。

为了满足展示外来植物的需要，19世纪初在英国出现了园艺式造园风格（gardenesque style）。花园不再以摹写自然为理想，而是尽可能地展示更多的植物。这种园艺式风格的倡导者是劳顿，他在40岁时失去了年轻时对如画式自然式风格的兴趣，开始喜爱来自世界各地的外来植物，他提出种植设计上的园艺式风格，强调外来植物的运用和展示植物个体特征。劳顿坚持认为"任何被认为是艺术的作品，必须不能被误认为是自然的杰作"，因而他提出了自己的造园原则：园艺式风格是基于有利条件下单一树种的种植；在生长期间不受其他物体的挤压；容许各个方向的枝条同等地伸展，不要被牛或其他动物损伤；即使园丁进行干预，也只是为了使它们更加整齐匀称。劳顿喜爱将花坛植物种在圆形的花池里，他认为圆形是最纯粹的几何形式，也是最实用的花床形状，能够很好地展示植物。对此，劳顿有过详细的描述：

圆形的花坛展示方式，山德比，1777年

"我们想给予所有的业余者和园丁强烈的印象：从普遍意义上讲，草地上所有灌木和花卉种植床的最好形式是圆形，直径保持在18英寸（约0.5m）到6英尺（1.8m）之间的较小尺度，圆形的间隔不小于2英尺（0.6m），这些花床成组或者成片地布置在一起，有若太空的星辰。"[1]

花床采用圆形、椭圆形或肾形，按照高度分层，最高的在中央

牛津大学图书馆收集的1799年白金汉郡Hartwell地区花床种植详图

从20世纪的视角来看，劳顿建议对各种植物进行独立观赏，像博物馆一样，抛弃所有将花园视作整体的想法，花园变成了收集地而不是组合的风景。对于劳顿来说这是一个很简单的概念，确保各自独立的植物尽可能按自然的特征发展。1860年以前，"园艺式"成了几乎所有景观上缺少联系的自由风格的代名词。1866年，人们普遍认同亚瑟（John Arthur）对"园艺式"的定义："园艺式风格的特征是：无论成片还是成组的树木灌丛都以互不接触的方式稀疏地种植着。因而，近距离观察，能够辨别出每一棵植物，而离开一定的距离来看，它们显示出艺术布置的高度的美。树木、灌丛和花卉是外来的，保持着高度的栽培状态，以优美的轮廓线布置成不规则的组群……优美而非壮观"。[2]

维多利亚时期，园艺式造园风格对于外来植物的尽情搜集与展示导致了维多利亚时期的花园以地毯式花坛和季节性展示移栽植物为主要特征。与此同时，花园中也汇聚各种外来的造园风格，来自中国、日本、意大利等世界各地的造园风格在花园中相混合，最终呈现出了维多利亚时期花园风格的折中现象，表现为混合的风格（mixed style）。莱普顿（Humphry Repton）在职业生涯的最后时期曾评述说，像图书馆中的书籍或者美术馆中的画作收藏一样把各种造园风格聚拢在花园中的做法非常荒谬。在各种外来风格的影响中，对19世纪英国造园影响最大的是意大利造园艺术。

（五）意大利造园艺术的复兴

在英国花园的历史上曾多次受到了意大利造园艺术的影响，19世纪在厌倦了风景式造园风格之后，意大利园林再次受到了英国造园者的喜爱，他们试图将严整、华丽的意大利风格与简单、粗陋的英国村舍花园相结合。

① Turner, Tom.Garden Design in the British Isles History and styles since 1650。
② Hobhouse, Penelope.Plants in Garden History.Pavilion Books LTD, 2004：246-247。

19 世纪第一个赞扬意大利和法国文艺复兴花园风格的作家是劳顿。他在 1822 年出版的《造园百科全书》（*Encyclopaedia of Gardening*）中写道：

> "认为风景造园是对几何式造园的改进就如同说草坪是对玉米地的改进一样胡言乱语。因而那是荒谬的，是对古代风格的轻视。……它有一种不同的美，在其类型中同样完美。"

劳顿的兴趣转向了意大利风格是英国花园设计史上一个伟大的转折点。他是第一位意识到英国花园在长达一个世纪中对野化自然的模仿必须得到终结的理论家。他认为当不规则式花园无法从自然中区分出来时，就有必要回头对带有抽象形状和形式的艺术传统重新进行评价。

除了审美趣味的转变使人们重新欣赏意大利园林外，为了使大量的外来植物在花园中得到更好的展示与欣赏，也是庄严华丽的意大利园林造园方式重新得到赏识的原因。19 世纪四五十年代很多建筑师将目光转向了意大利，他们游历欧洲，重新挖掘意大利园林的魅力。在学习意大利园林的潮流中，英国建筑师巴里（Charles Barry）非常具有代表性，他年轻时游历了欧洲南部，尤其是意大利。他带着对意大利艺术的了解，在英国的乡村进行建筑和造园实践，设计的建筑与罗马郊区的别墅非常相像。在场地允许的情况下，花园部分被设计成几层用意大利栏杆装饰的台地，台地上栽种着丰富的植物。当不能建造台地时，花坛区域下沉，确保从上面观看时有良好的视野。

很多造园家的著作和实践活动推动了意大利花园对英国花园的影响。在特里格（Inigo Triggs）的著作《英格兰和苏格兰的规则式花园》（*Formal Gardens in England and Scotland*，1902 年）中有许多 17 世纪和 19 世纪受意大利影响的花园，这些花园进一步激发了对历史上花园风格的研究并为新的花园设计所参照。特里格于 1906 年还出版了《意大利的花园设计艺术》（*The Art of Garden Design in Italy*）。西特韦尔（George Sitwell）赞赏特里格的著作，他花费数年研究意大利花园，于 1909 年出版《关于花园建造》（*On the Making of Grdens*），后来在德贝郡和意大利耗资建造了两个意大利风格的工艺美术花园。1905 年，

爪蒙德城堡，台地上栽种着繁茂的植物（左）

莎波兰德公园（右）

台地上连接着一段优美的台阶，栏杆强调边缘，顶部和底部用开敞的意大利式凉亭强调

《乡村生活》杂志社出版《意大利花园》(*The Gardens of Italy*)。在这些造园理论和造园活动的影响下，庄严的意大利风格产生了巨大的吸引力，因而被很多工艺美术时期的设计者所采用，像托马斯（Inigo Thomas）、褆平（H.A.Tipping）、希尔（Oliver Hill）和裴托（Harold Peto）。

但是究竟如何将意大利花园风格与英国花园传统相结合的问题一直以来是造园家探索的焦点。杰基尔在描述 16 世纪以来英国的意大利式花园的发展变化时说："如此贴近生活地形成了一些至今依然存在的伟大花园；它们中最好的一些花园将老的意大利传统慢慢地、不易觉察地修改掉，变成了英国风格"。这种明显的风格上的合成其实在实践中并没有减缓两种风格内在的冲突，一方面是村舍花园的英国风格呈现出来的粗陋、简单；另一方面是外来风格的意大利花园表现出的奢华、颓废。工艺美术花园在这种冲突与融合中常常表现出双方理想的传统特征。①

然而对于意大利园林的学习，更多人提倡从精神上和内在气质上去学习，而不是仅仅为了花卉的展示而抄袭意大利花园的外在形式。沃顿（Edith Wharton）在 1904

阿斯特收集到的古物遗迹坐落在鲜花丛中

合佛城堡，肯特郡（上）

艾佛德别墅，威尔特郡，裴托自己的花园（下）

年出版的《意大利别墅与花园》(*Italian Villas and Their Gardens*) 中就提到两点：(1)"在表面上而非精神上的抄袭毫无用处"；(2)"意大利花园不是为花卉而存在的，而花卉是为花园而存在的；花卉是后者，是花园美的附属，一种附加的美"。他还提到，"很难对现代花园的爱好者作出解释，他们唯一的概念是美丽花卉的连续画面形成了花园吸引力；其他单调枯燥的元素，比如修剪绿篱和石作，怎能形成这迷人的效果"。②

另外，意大利园林的精细装饰特征也为很多造园者所喜爱。如富翁阿斯特（William Waldorf Astor）的花园合佛城堡（Hever Castle）中堆积了很多搜集来的雕像和装饰物，来寻求意大利花园的趣味。裴托设计的艾佛德庄园(Iford Manor) 也是表现出同样的特征。

---

① Richardson, Tim. English Gardens in the Twentieth Century [M]. Aurum Press, 2005：17。
② Brown, Jane.The English Garden through the 20th Century [M]. Garden Art Press, 1999：95。

不管是学习意大利园林的外在形式，还是其内在精神，意大利园林深深地影响了英国园林的发展，为工艺美术花园提供了严整的布局结构。意大利园林在与英国的乡土园林风格相融合时，更加注重关注细节，尺度更为亲切。19世纪丰富的植物材料推动了花园设计风格的转变，当时除了建造大的玻璃温室来培育、生产娇弱的外来植物外，意大利园林成为展示花卉植物的理想造园风格。

（六）维多利亚时期造园的总体特征

在工业革命为主导的维多利亚女王统治时期，经济高速发展，社会富裕。新富阶层的价值明显地体现在新郊区的建筑上，那里的花园不再是上层社会的奢侈品，而是变成了社会上可接受的追求。

维多利亚时期在工程方面是高度创新的，但是建筑在不断地重复历史风格，无法在物质的世界中找寻到艺术上的满足。花园是折中式的，受到了来自中国、日本、意大利、法国等各种外来风格的影响。花园中堆砌着丰富的外来植物，由于审美思想混乱，外来植物以新奇的形式、肌理和颜色混乱地叠加在一起。这种状态一直保持到19世纪末。维多利亚时期对于景观的最大贡献是在社会方面和科学方面：公园的产生缓解了工业社会令人压抑的社会状况，新植物的引入伴随园艺科学的创新使英国园艺取得了兴盛的发展。

郊区庄园中的花园是规则式和不规则式的混合，主要房间面向规则式的台地，台地上布置着温室里培育的娇弱的外来植物。不规则式种植的灌木沿弯曲的车道布置，阻挡周围的视线。树篱和精心修剪的植物围合着单一品种的树木或以喷泉为特色的空间。由于厌恶平坦的草坪而将草坪切成小块的花床，塞满五彩缤纷的花卉。这种被称为地毯式花坛（carpet bedding）或是花卉移栽（bedding out）的方式极其浪费，柔弱的植物必须在温室内越冬。

维多利亚时期风行采用的柔弱的温室植物和规则形地毯式花卉展示方式在随后的爱德华时期遭到了以罗宾逊为首的野生花园思想的挑战。维多利亚时期造园风格的混杂和缺乏艺术性的植物展示方式成为花园设计变革的动力。

19世纪末20世纪初涌动的造园思想

（一）自然主义的造园思想

1. 罗宾逊（William Robinson）的野生花园思想

修剪花园中的草坪就如同将一个人的脸刮得干干净净一样愚蠢。

——留有漂亮的维多利亚式胡须的罗宾逊语

野生花园（wild garden）的思想起源于19世纪，特别是在罗宾逊的《野生花园》中对这种思想进行了详细的论述。罗宾逊对于自然景观和野生植物的喜爱与他在摄政公园植物园的工作经历有关。在那里他进行英国本地植物的收集，不只是不列颠岛上的花卉，还包括可以在北半球繁茂生长的任何植物，这一工作在不同程度上引发了罗宾逊的野生花园思想。

罗宾逊倡导的自然式种植观念首先强调应当采用耐寒植物而非当时所有花园中普遍采用的娇弱的温室植物。那些外来的娇嫩植物只能在温室中培育，然后用地毯式花坛的方式进行展出，每年都需要更换，浪费大量的人力物力。对此，罗宾逊进行了猛烈的抨击，他将这种奢华风格的维多利亚式花园斥责为"曾经建造的最糟糕的花园"。罗宾逊攻击当时风行的使用娇弱花坛植物的行为，认为耐寒植物无论是从欣赏还是栽培的角度考虑都适合在花园中栽植，他在自己的花园中栽种"能够在场地的土壤上自我照料的植物"。采用适合本地自然气候条件的植物是罗宾逊野生花园思想的重要组成部分[①]。野生花园的思想反对栽培品种，钟爱野生的植物种类。呼吁花园中的植物应当以耐寒植物为主体，也包括像本土植物一样能够适应英国气候而不需要特别维护的外来植物。认为在野生环境下很多十足人工化的栽培品种看起来很不适宜，而那些播种生长起来的野生品种是唯一能够实现自然化的植物。从栽培上看，一些野生的植物种类比栽培品种更抗病。罗宾逊就曾建议，"如果方便的话，在篱笆、灌木篱内或者粗拙的河岸上为我们本土的野生月季留出一块地方"。这种思想之后也得到格特鲁德·杰基尔的赞同，其在著作《适合英国花园的月季》（*Rose for English Gardens*）中进行了详尽的论述。在斯塞赫斯特城堡花园（Sissinghurst Castle）中萨克维尔·维斯特（Vita Sackville-West）将最为野生的月季用在混合花境中的做法就是这一思想最为真切的体现。

同时，罗宾逊认为造园者必须了解每种植物在野外生长的环境和方式，据此进行栽植并配置周边植物，让每一组群发展成类似自然的群体。他认为野生植物不只是在自然的状态下生长良好，而且看起来也不错。他尤其关注"游戏场外面的部分"，"田地、林地和杂树林……和几乎花园中所有被忽略的地方"。对于野生花园的优美景色，他描绘到"二月份，冬乌头在一丛光杆的树下盛开"，"在蓝铃花开花之前蓝色的亚平宁银莲花将树林染成一片蓝色"[②]。罗宾逊所倡导的自然式风景与劳顿推崇的花园式造园风格相去甚远。对劳顿来说，个体植物形态与它在景观中和其他植物一起形成的效果要同等考虑，他主张花境、树丛和灌木的个体应彼此靠近，但不要接触。罗宾逊则十分厌恶仔细表现标本植物的维多利亚式造园，希望花园里的植物应该互相混合栽植，甚至像在野外一样纠缠在一起。

罗宾逊通过著作和杂志广泛地宣传自己的野生花园思想。1870年他开始出版自己的杂志《花园》（*The Garden*）。同年出版了《英国花园的高山花卉》（*Alpine Flowers for Gardens*）、《野生花园》（*Wild Garden*）。《英国花园》（*The*

---

① Hobhouse, Penelope. Plants in Garden History.234-239。

② Taylor, Patrick. the Oxford Companion to the Garden[M]. Oxford University Press, 2006：512。

《英国花园》中的插图

English Flower Garden）1883年出版，罗宾逊在世时重印过14次。在这些出版物的宣传下，罗宾逊所倡导的自然主义造园思想吸引了大批的追随者，深深地影响了此后英国花园的发展。

　　野生花园的造园思想在之后的20世纪借助知名设计师的作品在许多国家留下了印记。比如，现代园林设计师布雷马克思（Roberto Burlemarx）的设计手法是大片地种植单一品种的野生植物。廷森（Jens Jensen）热爱北美本土的野生植物，仔细研究野外植物的分布方式，他的设计展现了北美草原的自然景致。在英国，查托（Beth Chatto）重点研究植物的生境，她在自然群落方面的试验深深影响了近代英国花园设计的风格。沃兹（Jacques Wirtz）创造性地运用观赏草，有时用在规则的图案式的框架下，有时形成粗放的大片组团来活跃景观。在20世纪末21世纪初，自然种植的风格贴近生态化的精神，野生花园的思想与生物多样性和融入环境的设计思潮联系在了一起。①

　　2．米尔纳（Henry Ernest Milner）与自然风景

　　土木工程师、林奈学会成员米尔纳认为自己是万能布朗（Jane Brown）和莱普顿自然思想的继承者，他认为莱普顿的声誉被低估有着特殊的原因：在19世纪早期不断出现农业上的危机，用数百英亩肥沃的耕种土地来建造巨大的装饰性花园既不合意也不实际。但这并不意味着他的理论是错误的；相反莱普顿对英国优美风景潜在规律的分析对于景观和花园的建造有重要价值。②

　　在罗宾逊的著作《英国花园》出版后7年，米尔纳于1890年出版了《风景造园的艺术与实践》（*The Art and Practice of Landscape Gardening*）。在书中对于美作了如此的描述：

　　　　"在任何形式中自然很少呈现直线，除非是看起来平整的海平面，或是水表面较小的线。直线是艺术的产物，即使帕提农神庙的立柱明显垂

① Patrick Taylor. The Oxford Companion to the Garden [M]. Oxford University Press：512。
② Jane Brown. The English Garden Through The 20th Tentury[M]. Garden Art Press，1999：49。

直的线也是由精细的小弧线组成。自然以各种各样的表现和层层的细节
展现了弧线的无穷特征。

美在于形式的对比。

线或物体顺着视线摆放，会使空间显得更长；而当线横穿视线，会
使空间显得较短。

覆盖地面的草有稳定和静止的感觉；在颜色上形成了基面和背景。
草地上经过斟酌的阴影是艺术化运用自然效果的源泉。

通过叶子的对比，乔木和灌木产生变化，颜色的渐变可以增加距离感。
它们应当以不规则的轮廓线覆盖山顶和山坡。树木的天际线不要连续，应当
断开。不进行种植的山谷显得更深，在顶部种植的山体显得更高。单一树种
强调跌落的地面，它们像林中的阴影区一样产生神秘感，巧妙地激发想象。

当基准面在山根下，下落的地面显得短，上升的地面看起来比实际长。
广阔感能够人为提升，尤其是断开连续的线和僵硬的边界线，在视线的
方向上提供眼睛度量的各种物体。"

如果说罗宾逊关注野生植物的自然之美，更多在于自然植物本身，而米
尔纳则继承18世纪的造园思想，关注大的自然风景。19世纪，虽然意大利园
林的重新兴起使自然风致园的造园风格在英国失去了往日的风头，但其造园思
想和理论依然有影响。米尔纳对于自然美的总结与提升，以及对于自然风景的
倡导也在一定程度上影响了英国19世纪的造园活动。工艺美术花园在靠近住
宅的部分采用规则式的布局，而在远处依然是自然式布局，蜿蜒的道路和自然
形水面依然沿袭着风景园的造园思想。

（二）规则式与自然式的论争

1. 规则式花园

工艺美术运动时期很多建筑师认同规则式花园，认为规则式是乡村住宅
与周围环境取得协调的有效方法，而且也是花园获得良好秩序和合适尺度的
有效手段。赛丁（John Dando Sedding，1838~1891年）认为虽然劳顿唤起了现
代的自然式园林，布朗和莱普顿开创了英国的风景园，但同时也清除了那些
舒适花园，所以他支持旧日的规则式花园。赛丁和布劳姆菲尔德（Sir Reginald
Blomfield，1856~1942年）设计的花园都具有规则式的庭院、庄严的台地、草
本植物填充的纹结园、彩色砾石的花坛、矩形的水池、花架、栅栏、树丛、鸽
笼和日晷等等。而在布劳姆菲尔德看来，花园的规则式处理或许应当称作对花
园做建筑上的处理，这样住宅才能被植入周围环境，规则式造园能将建筑与花
园相协调，让建筑从它的环境中生长出来。他们之所以认为需要对花园做规则
式处理，是因为"建筑不可能与自然中的事物相类似，除非是盖着草的泥砌小
屋"。"任何形状的建筑都有不可剔除的某种确定的特征；但从另一方面看，却
可以改造场地，改变地坪，严格按照设计者的意愿种植树篱和树木；一句话，

如果不能将住宅与自然相协调，就改变场地，让自然与住宅相协调。"[1] 建筑师希望通过规则式的花园将建筑的特征延伸到周围的场地。规则的通道和矩形的院落，笔直、宽大的台阶，大片未被破坏的草坪，修剪的树篱和小路，黄杨篱明确界定的花床，所有都显示出秩序的特征。布劳姆菲尔德评述说，由于花园设计成为建筑的伟大艺术，从而使得花园与建筑取得了良好的秩序上的和谐。

2. 规则式与自然式的论争

罗宾逊起初反对规则式只是基于反对维多利亚风格的规则式花卉展示的方法。他在 1883 年出版的著作《英国花园》中有力地抨击了泛滥的维多利亚造园，憎恨"地毯花坛粗拙的颜色"，认为丑陋畸形的修剪植物只适合在滑稽杂志上出现。后来罗宾逊攻击的范围扩大到了花园中的所有构筑物，罗宾逊斥责花架和栅栏过于复杂和丑陋，认为很少能看到花园中的座椅不碍眼。罗宾逊极力反对花园的任何一部分处于建筑师控制之下；他痛斥帕克斯顿（Joseph Paxton）的水晶宫和巴里在莎波兰德（Shrubland）的规则式花园。虽然罗宾逊不是画家但是通晓绘画艺术，本着画家的观点，他反对建筑师，并宣称"landscape architecture"是个暗示两个学科融合的愚蠢词汇，一方与生物联系在一起，另一方则是与砖头瓦块打交道。[2] 崇尚自然风景的米尔纳和罗宾逊一样反对建筑师的规则式造园，他认为自然在建筑师的手里和艺术家的影响下备受束缚。

以罗宾逊为首的自然式造园思想，遭到了布劳姆菲尔德和赛丁为首的建筑师的反对。赛丁批评罗宾逊一切让位于自然的做法，也含蓄地批评米尔纳和风景学派的主张没有艺术性。与赛丁的温和批评相比，布劳姆菲尔德的言辞更为激烈。布劳姆菲尔德认为，罗宾逊所倡导的自然式造园的思想很难描述清楚。对于罗宾逊著作中对规则式造园的反对，布劳姆菲尔德反唇相讥"现代的大多数作者对规则式造园不分青红皂白地谩骂之后又说不清楚花园的设计问题，而跑题到了园艺和温室上了。说了很多自然和它的美，忠实于自然之类的话，却从没有详细地说清楚自然的所指，实际上他们更喜欢将不同的感觉都用该词来表达。"而对于自然，布劳姆菲尔德有着自己独到的见解，"'自然'必然意味着地球自身和在地球上作用的力，以及地球上的水和空气，生长在地球上的树木、鲜花和草地，无关乎是否人工栽植的问题。一棵修剪的黄杨树是自然的一部分，它像橡树林一样遵从自然法则；但是，风景画家通过呼吁所谓自然化的联想，坚持把经过修剪的黄杨树诬蔑为违反自然。照此来说，比起修剪的草坪，修剪的黄杨树会更自然。"对于米尔纳的将自然和美归结为曲线的说法，布劳姆菲尔德并不认同。他认为不能假设"自然"更喜爱曲线而非直线，以此推断花园中所有的线，尤其是道路应该是弯曲的；"自然"与直线或是曲线无关，曲线比直线更自然的说法不成立。[3]

① Blomfield，Reginald．The Formal Garden in England。
② Clifford，Derek．A history of Garden Design [M]. London：Faber，1962：206。
③ Blomfield，Reginald．The Formal Garden in England。

在住宅花园中进行自然式造园的提法，也遭到了布劳姆菲尔德的强烈反对："假如自然界的美要在庭院的小范围里通过模仿自然的效果来展示的话，那简直太荒谬了。任何喜爱自然风景的人都想看真正的大自然，让他坐在人工堆砌的岩石堆里享受自然将很难令他满意，让他'恍若'置身于山林中也很难办到。"①

最后，布劳姆菲尔德在 1901 年第三版《英国的规则式花园》(*The Formal Garden in England*) 的序言中承认规则式和自然式之间的论争的确只是字面上的争论。② 他承认在争论中双方都控制不住情绪，建筑师认为园艺师对于设计一点不懂，而园艺师认为建筑师对于造园茫然无知。规则式设计并不总是适合所有的场地条件，而风景式造园也不像描述的那么好。在实际造园活动中，布劳姆菲尔德和罗宾逊的表现并不像字面上的争论那么水火不容。罗宾逊在自己的花园格雷夫泰庄园中，靠近建筑的区域就采用了规则式的布局。

杰基尔对罗宾逊的思想进行了解释、重新定义和修正，也找到了规则式与自然式之间论争的解决方法。虽然杰基尔在野生花园、草本花境、注重形式和敏感地运用颜色等方面与罗宾逊持有相同的观点，但是她认为没有必要去排斥修剪植物、雕像、瓮、方尖石碑、树篱、几何形水体等造园要素的使用。因而在很多以杰基尔的作品为代表的工艺美术花园中，台地没有了栏杆，变成了干石墙，水平线隐藏在悬垂和攀缘植物的掩饰下，而不是去加以强调；瓮、浴盆、水源头和日晷等元素的运用不只是作为视觉的焦点或是关键特征，还试图创造风蚀日灼的岁月感；被攀缘植物所软化的建筑坐落在花园中；被小路、花境、台阶、墙体所控制的花园能够让人感觉出秩序上的稳固。杰基尔对罗宾逊和布劳姆菲尔德之间的争论进行了评述，"都是对的，都是错的"，她认为可以在靠近建筑的地方建造台地，采用规则式的布局，但应该以自然组团的方式布置植物。杰基尔的思想在她与路特恩斯 (Edwin Lutyens) 合作的作品中得到了很好的体现，规则式布局自然式种植的方法也成为工艺美术花园的重要特征。

（三）强调本地工艺和材料

"工艺美术"运动遵循拉斯金 (John Ruskin) 的理论，主张在设计上回溯到中世纪的传统，恢复手工艺行会，主张设计的真实、诚挚，形式和功能的统一，主张在设计装饰上从自然形态中汲取营养。在工艺美术运动的热衷者看来，体现自然的最好方式莫过于采用本地的材料和工艺。欧内斯特·吉姆桑 (Ernest Gimson)、西德尼·巴恩斯利 (Sidney Barnsley)、欧内斯特·巴恩斯利 (Ernest

---

① 伊丽莎白·巴洛·罗杰斯著. 韩炳越，曹娟等译. 世界景观设计 [M]. 北京：中国林业出版社，2005：372.
② Brown, Jane. The English Garden Through The 20th Century[M]. Garden Art Press, 2000：53。

西德尼·巴恩斯利设计的围墙和鸽笼

Barnsley）等人在莫里斯的引导下，本着这种精神进行建筑设计和室内装饰，他们所建造的花园也鲜明地表现了同样特征。他们的设计尊重本地传统，使用本地材料，寻求与环境的紧密结合。他们在花园围墙、道路、花架、凉亭等的材料使用上与住宅所用材料一致，都选自当地。石墙的砌筑和门楼、鸽笼的设计都强烈地显示了本地的手工艺特征。

（四）注重植物配置的艺术性

维多利亚时期的花园充满了装饰上和园艺上的变化：华丽的几何式花坛和花床里以绣纹图案的形式栽种着大量的一年生花卉，所有的花卉都围绕夏季的观赏盛期而准备。花卉的布置只是为了取得壮观华丽的效果，植物之间的搭配缺少艺术性。

杰基尔信奉罗宾逊自然式种植的思想，但更加注重植物搭配的艺术性，关注花园漂亮的图画效果。针对当时的维多利亚花园的奢华，杰基尔表达了自己的看法，"我的强烈观点是：无论植物多么好和数量多么充足，拥有一定量的植物并不能建造一个花园，那只是收集……我们建造花园和让花园更好的职责是运用植物形成漂亮的图画；在愉悦我们眼球的同时，也提升人们的欣赏水平……这就是普通平凡的造园与高级的艺术化造园之间的差别。"[1] 本着这样的思想，杰基尔在自己的花园——芒斯蒂德·乌德（Munstead Wood）中不断地实践，试图发现越来越好的植物组合。基于对野生植物的偏爱，杰基尔认为通过正确的组合与搭配，任何植物都能表现出美的一面。"不是天竺葵、半边莲和蒲包草的错误，只是它们被错误地运用；如果它们被恰当地使用，也是重要和有价值的植物。"

杰基尔能够用艺术的眼光看待自然植物的运用和采用艺术的方法进行植物搭配，与她早期受过的艺术教育有关。杰基尔 1843 年生于伦敦，幼年在色雷度过。1861 年，17 岁的杰基尔返回伦敦进入南肯辛顿艺术学校学习艺术与设计。她沉浸于植物与装饰、颜色理论与艺术史的学习当中。车乌鲁尔德的著作《颜色的共时对称法则》和拉斯金的《现代画家》一直伴随着杰基尔。按照拉斯金的推荐，杰基尔在国家美术馆花了很多精力临摹浪漫主义绘画的代表人物特纳的作品，仔细地勾画和研究其中自然景象的细节。早期的艺术教育赋予她对色彩理论与色彩效果的深刻理解，尤其是特纳的颜色运用对杰基尔的造园风格产生了持久的影响。在杰基尔植物配置的颜色规划中透露出她对特纳作品

---

① Clifford，Derek．A history of Garden Design [M]．London：Faber，1962：210。

的学习与领会，从很多色彩绚烂的花境设计中可以看出特纳的代表作《战舰"特米雷勒号"最后一次的归航》的影子，只不过特纳画中从灿烂的晚霞、黑紫的海水到金色光影的颜色序列在杰基尔的花境中经常被颠倒过来使用（见文后彩图1、彩图2）。杰基尔1929年对芒斯蒂德·乌德花园中的长花境进行了描述："开始是柔和、冷色的花卉——极淡的粉色、蓝色、白色和极浅的黄色——接着是强烈的黄色，过渡到深的橙色和红褐色，然后，最强烈的鲜红色达到顶峰，用丰富而柔和的红色进行调和，后面和中间穿插暗紫色的花和叶子。最后颜色按同样的秩序退向远方。按照这种方法正中间部分色彩灿烂，远端是安静和谐的淡紫色、紫色、柔和的粉色，整体的背景用灰色和银色叶。"[1] 杰基尔设计的花境，颜色柔和而协调，既有颜色的渐进变化，又有着相互对比衬托下的鲜亮。

杰基尔本着对绘画艺术中色彩的深刻理解，如同绘画一般进行植物的搭配。杰基尔草本花境的色彩规划模式绚烂多彩，可以细分为橙黄花境、蓝白花境以及白色园、橙色园、灰色园、蓝色园、黄色园等单色园。这种色彩规划的思想贯穿于杰基尔花园设计的每一部分，在林地的乔灌木搭配中同样有着这种思想的体现。

杰基尔坚定地遵从自然法则，她以自然为支撑，运用自己艺术上的判断使索然无味的种植变成了美妙的图画，杰基尔艺术化的植物搭配方式隐约出现于英国整个20世纪的造园活动中。

（五）莫里斯（William Morris）的花园理想

莫里斯发起的工艺美术运动深深影响了建筑、印染、陶瓷、家具设计等各行各业，其注重手工艺传统、本地材料的使用以及将自然作为设计的源泉等工艺美术精神，直接引导了工艺美术风格花园的形成。除此之外，莫里斯对于花园设计本身有着直接的论述，他追求自然与规则、老式植物与引进植物的完美融合，喜爱将植物布置在由砖、石头、篱笆和林木所组成的规则式场景里。[2]

1. 住宅与花园相统一

对于莫里斯而言，家是任何人生活中最重要的组成部分。"如果有人问我当前最重要的艺术创作和最想得到的东西是什么，我会说，是一栋漂亮的房子。"对于花园莫里斯认为是给建筑着装，是为了建筑与周围环境取得联系在植物上的扩展。在《追求》（*The Quest*）中他写道，"由紫杉篱分隔的花园看起来自然真挚、非常愉悦，就像是房子的一部分，或至少是房子的装饰，我想这是花园设计应当追求的目标。"

2. 用树木、树篱或自然的篱笆围合花园

莫里斯理想中的花园来自于中世纪，对称的结构，使用当地材料，由树木和树篱围合，直直的道路和栽满村舍花园花卉的花床。他在1879年的文章《充

① Richardson，Tim.English gardens in the twentieth century[M]. Aurum Press，2005：44。
② Jill Duchess of Hamilton，Penny Hart & John Simmons. The Gardens of William Morris. Frances Lincoln Limited，1998：13-22。

分利用之》（*Making the Best of It*）中写道：

　　"或大或小，花园看起来应当有秩序和丰富。它应当很好地与外界相隔离。绝不应当模仿自然的荒野与散漫，除了在靠近房屋的地方其他地方不应出现。花园应是房子的一部分。私人娱乐的花园不应太大，公众的花园应当进行划分，在草地上、林地中或铺装之间由很多花卉围合起来。"

　　换言之，莫里斯认为花园应当是由树篱、藤编篱笆和树木为"墙"围合起来的一系列的"房间"，要有私密感。花园中布置直线的道路和花境，装饰繁茂的植物。

3. 保持当地特色

　　莫里斯看到在机械化大生产的推动下，世界正变得越来越相似，作为较早倡导使用本地风格的人，莫里斯强调发扬本地特色，使用当地材料。用附近的黏土制砖；在邻近采集石头；用附近的树木作篱笆和地板。莫里斯坚持硬质景观采用木材和石头，这样可以让花园与周围环境相围合。

　　莫里斯旨在提高与场地相似的美，首先就是采用当地的植物。莫里斯的自传作者汤普森（Paul Thompson）评述说，"莫里斯的丝织物设计，引向了对英国花卉的回归，乡村篱笆的荒野和塞满野生花卉的花园反映着季节的变化而不是温室的效率。"在当时，维多利亚的造园者迷恋于引进外来植物，专注于植物变种和大片华丽的花坛植物。本地植物虽不艳丽但是拥有莫里斯所认同的自然的、安静的美。

科姆斯高特庄园　　莫里斯自1871年的住宅，他理想中的花园有笔直的道路和栽满老式花卉的花床

每个区域和"房间"都被树篱、藤编篱笆或是藤本植物覆盖的墙体所围合　　　　　　　　　　　科姆斯高特庄园

4. 简单种植的花卉

莫里斯喜爱以简单的方式种植花卉，他在一封家书中进行了如此的描述，"到处是雪莲花……一派春天的景象：这里冒出了一些紫罗兰，那里有一些五彩的报春花……从干净的地面上冒出报春花的景象多么美。"

莫里斯不喜爱花卉的栽培品种，认为自然生长的花卉最美。对于他最喜爱的月季被培育成甘蓝一样大小的做法，莫里斯十分厌恶。在他看来月季不应被培育，"普普通通生长的或是在路边一丛就是最美的，也没有比这更甜美和纯正的花香。"对莫里斯而言，简单种植的原生花卉最能表达自然质朴的特点，体现在植物本身的形态、色泽、芳香及所构成的景色中。

5. 可以休憩和娱乐

对莫里斯而言花园是令人欢乐和心旷神怡的地方，有可以休憩和娱乐的各种空间。莫里斯的住宅——红屋，有深深的外廊，可供人休息、交谈和吃东西；在房子的西边是草地步道和保龄球场；他的妻子和女儿可以在不同的花园里做针线活或者交谈。

在工艺美术花园中总是能够看到被分隔开来的不同的活动场地，这是为了满足当时人们户外活动的需要，也是工艺美术运动强调满足功能需求的直接体现。

（六）思想碰撞中走向成熟的工艺美术花园

在工艺美术运动的引领下，19世纪末花园设计与其他设计行业一样反对烦琐矫饰的维多利亚风格，造园思想也十分丰富和活跃，但是对于花园设计却有着不同的理解，甚至于争执。正如苏代尔（Richard Sudell）在《风景造园》（*Landscape Gardening*，1933年）中所说："我们拥有太多的材料，我们拥有许多思想。材料与思想的过度采用令我们的花园遭受着痛苦的折磨。在花园装饰、座凳、家具和精细花架的形式上手工艺人给我们提供了大量的素材。建造者为我们提供了彩色的瓦和砖，园丁为我们提供了他们从世界各地搜集来的上百种植物。我们因而陷入了繁杂，这正是需要进行仔细设计的原因。"[1]在这些混乱的造园思想中，莫里斯零散谈到的花园设计思想，更多地受到了中世纪花园理想的影响，追求简单质朴的花园氛围。很多建筑师在设计建筑的同时也设计着花园，规则式花园就成为他们理想的选择，在他们看来规则式的设计方法也是建筑融入周围环境的最好途径。自然式造园的思想一方面是来自于对自然式种植的呼吁，另一方面是来自于英国风景造园传统的影响。这些涌动的造园思想也表达出工艺美术运动所倡导的强调手工艺的精神，杰基尔的造园思想更多地表现了对花园艺术性的追求。在19世纪末20世纪初多种造园思想的交织碰撞中，工艺美术花园的造园风格走向了成熟。

---

① Richardson，Tim．English Garden in the Twentieth Century[M]．Aurum Press，2005：70。

秩序重构与园艺盛典——

工艺美术花园

19世纪，英国鼎盛的维多利亚时期，各种造园思想呈现出百家争鸣的局面。面对那些涌动的设计思潮，迷乱的造园风格与之相伴而生——村舍花园、野生花园，直至后来出现工艺美术花园。这些以植物为展示主体的本土风格杂烩着意大利风格的复兴，共同呈现了维多利亚时期造园的迷乱和奢华。繁华过后，工艺美术花园在紧随其后的爱德华时期造园活动中独放异彩。

在英国历史上，爱德华时期大约从1890年至1914年第一次世界大战前，和维多利亚后期相重叠，是工艺美术花园产生、发展、兴盛的主要阶段。工艺美术花园也是该时期英国主要的花园设计风格，核心人物杰基尔和路特恩斯合作的作品集中出现在该时期。虽然爱德华时期之后到第二次世界大战前工艺美术花园依然为人们所迷恋，但是大多数杰出的工艺美术花园作品建造于爱德华时期，无疑该时期是工艺美术花园最为兴盛的阶段，因而经常用爱德华时期的花园模糊地指代工艺美术花园。

工艺美术花园与工艺美术时期的花园

在工艺美术运动的影响下，以建筑师布劳姆菲尔德和赛丁，园艺师罗宾逊和杰基尔为代表的造园家进行了一系列的造园活动，在花园设计方面阐释了工艺美术运动的精神。这些花园的建造材料选自当地，雇用本地的手工艺人砌筑建筑、围墙，偏爱英国本土的植物种类，即使是外来植物也选用适应本地气候的种类，自然式地种植在花园中。

在19世纪末期，工艺美术运动的影响开始式微，但其在花园设计方面的影响并没有减弱。布朗认为"20世纪可定义的第一个花园形式就是今天所认为的'工艺美术花园'，特征是规则式设计结合丰富的植物种植。这一风格围绕杰基尔的造园活动形成，全盛期是自1890~1914年，这和杰基尔造园的显赫表现时期相一致。"[1]特纳（Tom Turner）也将工艺美术风格花园产生的年代定为1890年，正是杰基尔开始建造芒斯蒂德·乌德花园的时间。

工艺美术花园的风格一直影响着英国的花园设计。建造于20世纪30年代的著名斯塞赫斯特庄园（Sissingghurst Manor），体现了成熟的工艺美术花园造园风格。第二次世界大战及战后英国社会经济的重大变化，使工艺美术花园的造园活动受到了阻碍，但是自然式种植方式和注重植物配置艺术效果的设计思想至今还影响着英国的花园设计。

工艺美术运动对英国的花园设计产生了广泛的影响，工艺美术运动所倡导的追求自然、强调手工艺的思想在该时期的花园设计中有着真切的体现，但是工艺美术运动时期的花园设计并不能确指这一思想的造园活动。在工艺美术

---

① Jane Brown. The English Garden through the 20th Century [M]. Garden Art Press, 1999：47。

运动时期的很长一段时间里，工艺美术风格的花园设计并不占主导地位，英国的花园设计汇聚了来自世界各地的造园风格，在改造英国自然风景园的同时，中国园林、日本园林、意大利园林都产生了或多或少的影响，表现出混合式的造园风格。19世纪乃至20世纪，意大利园林一直对英国花园设计产生着影响，建造意大利式花园的造园活动也一直存在，同时深深地影响了工艺美术风格花园的形成。18~19世纪疯狂的植物搜集活动使地毯式花坛的花卉展示方式在19世纪末依然很流行，在这样的背景下出现了以杰基尔为代表注重植物配置艺术性的造园活动。因而，有时使用"工艺美术时期的花园"一词过于笼统，并不能确切指向体现工艺美术精神的造园活动。

　　工艺美术花园，或称作工艺美术风格的花园，简单地定义在工艺美术运动时期（19世纪末之前）来理解则会显得过于局限。工艺美术运动以1864年莫里斯成立自己的设计事务所为标志开始，到19世纪末影响就逐渐减弱，结束于20世纪初年。而工艺美术花园作为一种造园风格，从1890年杰基尔建造芒斯蒂德·乌德花园开始到第二次世界大战爆发前一直产生着重要影响，而以一战前的造园活动最为密集。

英国工艺美术花园的形成与发展

　　19世纪下半叶，在英国发起的工艺美术运动对建筑、印染、陶瓷、刺绣、首饰等行业的设计产生了深远的影响。工艺美术运动主张设计的真实、诚挚，形式与功能的统一，崇尚自然，提倡从自然中汲取设计灵感，这一设计理念也深深影响了该时期英国花园的设计。英国工艺美术时期的花园强调自然种植的设计理念，关注植物配置中花卉颜色、植株形态与枝叶纹理等细节，注重手工艺和当地材料的表现。虽然工艺美术运动在20世纪初就失去发展的势头，但是人们对英国工艺美术时期花园的热衷一直延续到20世纪30年代，该时期形成的花园设计理论在20世纪英国花园的发展中始终产生着重要的影响。

（一）工艺美术花园的形成——19世纪末

　　在世纪交替之际，园艺上的迷恋和装饰上的偏好依然束缚着英国花园，但从维多利亚风格花园向工艺美术花园的转变已经蹒跚而来、悄然而至。在世纪交替之前，持有种植新观念的先驱们大都拥有较大的、经过精心设计的花园。这些花园通过吸纳工艺美术花园自然式种植的思想慢慢地改变了维多利亚风格僵硬呆板的面貌。在很多情况下，意大利式的维多利亚时期花园被很好地进行了工艺美术风格的处理，已经存在的绿篱系统、树木、台地、喷泉等在一定程度上进行了保留，成为花园的骨架系统。长长的经过严格组织的规则式花床慢慢地被草本花境所取代，地毯式花卉展示区域被简化或改造成草坪。攀缘植物被用来攀爬在台阶、台地和其他建筑物上。所以，从维多利亚风格花园向工艺美术花园的转变是相对温和和循序渐进的。

在工艺美术运动精神的带动下，很多人都在建造着自己梦想中的花园，没有统一的方法与准则。莫里斯在红屋的花园中追求着简朴、素雅的气氛；罗宾逊在自己的格雷夫泰庄园（Gravetye Manor）中实践着自然式种植的思想；布劳姆菲尔德和赛丁则坚定地按照建筑师的手法进行着规则式的造园。因而此时的造园表现出异彩纷呈的特征。

与五花八门的造园活动相比，可能各种造园思想的碰撞更易于引起人们的注意。流行于19世纪中期的维多利亚造园方式遭到了猛烈的攻击，就如同反对机械化大生产一样，工艺美术运动的追随者强烈反对大量生产、色彩艳丽、娇弱的花坛植物。因而，罗宾逊的自然式造园思想受到了人们的喜爱，村舍花园风格也被视为能够很好展现自然的造园方式。然而，在意大利文艺复兴园林的重新兴起和工艺美术运动倡导对中世纪哥特式等古代风格回归的影响下，建筑师更钟情于规则式造园方式。自然式和规则式造园之间引发了旷日持久的论争。

建筑师路特恩斯和杰基尔的合作弥补了这些对立观点之间的隔阂。1890年他们合作建造的芒斯蒂德·乌德化园成为工艺美术花园风格形成的标志。在芒斯蒂德·乌德花园中，从几何式布局的院落、台地、花架、水池、台阶和道路可以清楚地看到路特恩斯建筑式的布局结构，与建筑设计上依据功能需求采用非对称式布局的做法一样花园被划分成很多"房间"，在每个空间中安排不同的活动内容和主题花园。硬质景观被杰基尔不规则式的、繁茂的混栽植物以及周年可观赏的、颜色持续不断变化的花境所软化。通过芒斯蒂德·乌德花园的建设，杰基尔和路特恩斯确立了工艺美术花园主要特征——规则式布局自然式种植的造园模式。1890~1914年，他们共同设计建造了100多个花园，有力地推动了工艺美术风格花园的发展。杰基尔和路特恩斯对传统的工艺与材料都有深刻的认知，他们所形成的反映本地特点的建筑和花园风格在一定程度上将布劳姆菲尔德建筑式花园的要求和罗滨逊的种植需求统一在了一起。

在工艺美术花园造园风格出现以前，英国的花园设计更多是为了满足植物展示的需求，也受到了各种外来风格的影响。疯狂的植物搜集活动带来了大量的外来植物，为了植物种植和展示的需要出现了园艺式风格（gardenesque style），同时中国、日本等各种外来风格如同广泛收集的植物种类一样充塞在花园中，呈现出混合的特征（mixed style）。在经历了19世纪的混乱之后，在工艺美术运动的影响下，出现的工艺美术花园融合了传统自然风景园、花园式等造园风格，兼具自然式与规则式造园的特点，为植物展示创造了更好的空间和方式。

（二）工艺美术花园的兴盛——世纪之交至第二次世界大战前

布朗（Jane Brown）认为工艺美术花园的全盛期是自1890年至1914年，也就是杰基尔造园的主要时期，但是工艺美术花园的风行一直持续到二战。

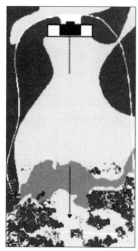

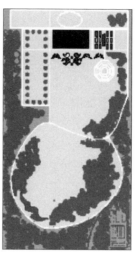
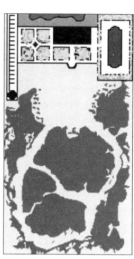

英国传统风景造园图示　　　　花园式造园风格图示　　　　混合式造园风格图示　　　　工艺美术花园风格图示

19世纪末，工艺美术运动的影响达到高潮，鼓舞着设计师从本地建筑中寻找灵感，充沛的资金支撑着繁盛的建筑实践活动，从而也带动了花园的建造。另外，一些来自地位显赫的中上层社会人士购买英国古老的别墅和花园进行修复和改造。这些业主和他们的建筑师共同创造着自己心目中理想的工艺美术花园形式。工艺美术运动的影响一致持续到一战前，这段时期工艺美术花园的造园活动也最为活跃，也是杰基尔和路特恩斯的合作造园的主要时期，许多著名的工艺美术花园都是在这一时期建造的，如：佛利农场（Folly Farm）、赫丝特考姆花园（Hestercombe）、劳德玛屯庄园（Rodmarton Manor）、希德考特庄园（Hidcote）等。

虽然一战对支撑造园的经济和人力产生了重要影响，但是对造园产生根本影响的是二战及战后英国经济上和社会上的变化。实际上，在两次战争之间大的住宅花园依然雇佣很多人，甚至在经济大萧条的时期雇佣的人更多，以此缓解失业压力。[①]典型的工艺美术花园斯塞赫斯特庄园（Sissingghurst）就建造于20世纪30年代，表明两次世界大战之间工艺美术花园在英国依然有着很大的影响。

工艺美术花园处在不断变化的过程之中，每一个花园看起来都不相同却在一定程度上拥有共同的标志。直到二战，这种风格都在不断地发展和寻找新的表达模式。工艺美术花园的设计活动主要表现为三个类型：

第一类，是直接受到莫里斯启发，模仿简朴的中世纪式风格，花园带有紫杉围合的花坛。中世纪式的工艺美术花园的诉求植根于莫里斯古老英国的理想和前拉菲尔派传承下来的天堂般的乡下景观和朴实的工艺。在科茨沃尔德地区由西德尼·巴恩斯利、欧内斯特·巴恩斯利和欧内斯特·吉姆桑组成的设计

① Richardson, Tim. English Gardens in the Twentieth Century[M]. Aurum Press, 2005 : 77。

群体直接地反映着这种思想。这种类型的存在是短暂的，但由于符合工艺美术运动原初理念，而通常被认为是"真正的"工艺美术风格。①

第二类，是与老式别墅或城堡的修复联系在一起的花园。英国老式的别墅和城堡在 20 世纪头十几年得到了很大的发展。都铎时期和伊丽莎白时期的老房子经常被用作农场用房或者部分被废弃，附属的花园要么是植物疯长要么是光秃秃的。很多著名的工艺美术花园就是在这种古老建筑修复潮流的推动下产生的。如：斯塞赫斯特庄园、希德考特庄园和斯诺希尔庄园（Snowhill）。

第三类，是与新式住宅一起设计的，遵从室内外相融合和互相完善的原则。如：赫丝特考姆花园、佛利农场。

从世纪之交到第二次世界大战，工艺美术花园的种植风格从自然亲切的村舍花园风格和罗宾逊的野生花园思想发展成为对植物本身更为全面的欣赏，和以杰基尔的方式对植物进行艺术化的配置。这一种植方式深深地影响了英国花园在整个 20 世纪的发展。

尽管杰基尔以颜色为主题的花境和村舍花园的浪漫主义思想形成了许多种植规划的基础，但是在相对小尺度的花园中，纯粹的村舍花园风格更受欢迎，乡村田园诗般的情调更适了这种小花园的氛围。这种类型的花园与注重草本植物或混合花境色彩效果的造园不完全相同，这些花园没有远景和深景的设计，在那里中景是很重要的，兴趣主要放在近处的植物本身上，造园者沉迷于对花园艺术的操控上而非花园的整体效果的控制。

对植物本身的关注还表现为偏爱用灰色和银灰色叶子的植物与紫色、蓝色或灰粉色的花卉相搭配，这种方法将杰基尔式复杂的绘画式的花境简化成灰色和蓝色的花境。到 20 世纪中叶杰基尔风格的花境开始变得柔和，不再是色谱两端灼烧般亮丽的颜色，之后，这种柔和色彩的风格比起亮丽色彩受到更多的喜爱。

该时期也出现了对大片颜色和绚丽效果的追求，不考虑单棵植物的叶子和花。这与杰基尔的植物布置理念不同，杰基尔更倾向于追求色彩之间的搭配和协调，寻求自然亲密的感受。但并不是每一个人都喜欢这种艺术家造园的思想，很多造园者开始质疑这种浪费时间细心考究布局和整体效果的造园方式，感觉到设计烦琐的颜色主题的花境失去了种植植物最直接的乐趣，对他们而言种植本身是他们的兴趣所在。

大片草本花卉形成雕塑般的效果，有一种如画的美

比肯·希尔，艾塞克斯（1925 年）

---

① Richardson, Tim. English Gardens in the Twentieth Century[M]. Aurum Press, 2005：52。

从世纪之交到第二次世界大战期间，工艺美术花园风格在英国得到了全面的发展。在多种因素的推动下，以杰基尔和路特恩斯合作造园为中心，出现了很多富于代表性的工艺美术花园。在这一时期人们更加关注植物本身的欣赏，精细而艺术化的搭配方式得到简化，色彩变得更加柔和，杰基尔绘画般的植物种植方法得到了进一步的修正与发展，罗宾逊的野生花园思想产生了广泛的影响。

（三）工艺美术花园的衰退——二战至 20 世纪 70 年代

二战的爆发给生活带来很大的变化也改变了花园的命运。大庄园的雇工都应招入伍，房子也被征用，花园被用来种植蔬菜以此响应英国政府发起的"挖掘胜利"的爱国运动。在郊外，庄园通过菜园生产变得自给自足；很多园丁都被召集起来进行粮食生产，由于人力的短缺，装饰性花园只能任其发展。这个时期是装饰性花园最可怜的时候，萨克维尔·维斯特（Vita Sackville-West）将斯塞赫斯特庄园的部分场地变成农场。

但是对花卉的需求并没有减弱。在战争早期农业部要求停止花卉的生产，到了 1943 年用铁路运输花卉是违法的行为。于是爆发了花卉走私：出现了用手提箱、挖空的花椰菜甚至是棺材偷运花卉的现象。

二战后，很多花园处于荒芜的状态，花园的建造规模和资金投入都大大缩减。在花园设计领域，没有像二战前那样多的设计任务。由于战后拮据的经济条件，灌木的收集和使用开始受到重视。花境设计中结合更多的灌木，较少采用维护成本较高的草本植物。花境的种植观念发生了改变，不再遵循杰基尔式的方法进行仔细的布置与结构上的安排来获得微妙的节奏和颜色的渐进变化，取而代之的是花卉组团被设计成令人愉悦的蜿蜒曲线，菲什（Margery Fish）等人倡导更为松散的种植方式，允许植物自我繁衍、四处扩展，采用粗放的管理方式。

考恩威尔庄园，牛津郡（1941 年），挖掘胜利：花园被用来生产蔬菜

道尔斯庄园，伍斯特郡，在二战快结束时，许多花园都处在荒芜的状态

虽然依然在模仿着工艺美术花园的造园方式，但是随着生活方式的转变，出现了注重体现生活方式造园的思想（lifestyle garden），这种思想在 20 世纪末得到了很大的发展。①

（四）工艺美术花园的复兴及英国花园风格的转变——20 世纪 70 年代至 20 世纪末

20 世纪末的最后 20 年，对于历史风格的关注主导了所有的设计。一些爱德华时期的园林得到了恢复，这引起了对工艺美术花园的重新欣赏。杰基尔和路特恩斯设计的赫丝特考姆花园，1973 年开始恢复。1981 年在色雷的格达德（Goddards，Surrey）举办的一个路特恩斯的展览从总体上点燃了对工艺美术运动的兴趣。莫里斯的红屋在 2003 年由国民托管组织接管并进行了恢复。

格达德，色雷（1981 年）

红屋

怀特维克庄园，帕森斯 1887 年设计了最初的种植规划

受工艺美术花园复兴的影响，花园设计者纷纷从工艺美术花园中寻求灵感。受此影响，帕森斯（Alfred Parsons）1887 年在怀特维克庄园（Wightwick Manor）设计了工艺美术风格的种植规划。"在 20 世纪八九十年代花园风格在造园者口中的暗语是'老式'的，就像在世纪初一样。村舍花园理想的力量在整个 20 世纪都保持不变，但是建造的情景发生了改变：对于爱德华时期的造园者来说，'老式'的是指 17 世纪花园中的石作和植物修剪，而在 20 世纪 90 年

---

① Richardson，Tim. English Gardens in the Twentieth Century[M]. Aurum Press，2005：152-162。

代看来'老式'就是可以给予灵感的爱德华时期工艺美术花园。"对于这样的举动，花园史学家艾列特（Brent Elliott）给予了很高的评价，"所有的现代主义都寄生在历史的复兴上，……每个原初的风格都要走向将来的复兴，并且每个风格在再次出现时都将变得更好"。[①]

老花园的修复活动重新点燃了工艺美术花园的兴趣，也唤醒了对杰基尔著作和造园理论的研究。但是种植的风格在杰基尔配置方式的基础上发生了很大的改变，并不是典型的工艺美术风格。20世纪90年代的花境，大量的植物挤在一起，拥有饱满的色彩，给人丰富和强烈变化的印象，而在杰基尔式的花境中植物的布置有放松和喘息的感觉。或许这可以看作工艺美术造园最后和最为颓废的时期，造园者好像互相竞争着去创造颜色闪耀的或最不寻常的植物对比（彩图3）。

野生花园思想依然有着广泛的影响，罗宾逊倡导的自然式种植方式依然受到追崇。该时期兴起的野花草坪成为花园中令人目眩的重要组成部分，林地花园中有大量自然种植的球根和耐阴植物（彩图4）。这种现象基本上是罗宾逊思想的再现，尽管有稀有植物和外来植物的存在，花园景观总体上看起来非常自然。

在20世纪末至21世纪初，英国的造园表现出工艺美术风格与来自欧洲新思想的碰撞。受现代艺术的影响出现了概念主义的花园；关注全球气候的变化，开始崇尚地中海造园风格，选用更为耐旱的植物。

与现代住宅相伴而生的现代花园，更加注重花园的功能性。反映生活方式的造园活动也一度流行，花园中放置躺椅、烧烤台以及滑梯、秋千等儿童游戏设施。花园改造类的电视节目进一步推动了造园中功能主义的思想，花园成为可以餐饮、游戏、工作的室外空间。人们更趋于用方便的装饰品和植物来美化自己的花园。

英国工艺美术花园实例

（一）芒斯蒂德·乌德花园（Munstead Wood）

芒斯蒂德·乌德花园是杰基尔和路特恩斯合作设计的第一个重要作品，是杰基尔在色雷的住宅、花园和试验场所。杰基尔在芒斯蒂德·乌德花园中实践着自己的设计思想，进行植物配置的实验。她尝试着每个季节不同的风格、色彩和质地的花境，杰基尔向客户提供的建议都来自自己的亲身体验与实践经验。花园同时也作为苗圃使用，杰基尔雇用了12个园丁，为她几乎所有的顾客提供苗木。

1897年，芒斯蒂德·乌德花园建成，由当地手工艺人用色泽圆润的本地

---

① Richardson, Tim. English Gardens in the Twentieth Century：184-188。

石头建成的建筑被细心地安置在花园中。出色的手工艺使建筑在经历一百多年后几乎没有破旧的感觉，看起来仍然是崭新的。

芒斯蒂德·乌德花园用地呈三角形，分为三块。三角形狭窄的尾端部分建成菜园和苗圃地；中间区域是房子和规则式花园。在最南面、面积最大的场地上，砍伐掉部分树木建成了林地花园。花园实际上是一系列的空间，但是空间的划分是依照土壤条件、遮挡的需要和花园的设计意图来处理的，而不是为了遵从建筑的几何形式。与二人后来设计的大多数花园不同，芒斯蒂德·乌德花园的建筑与规则式花园部分离开了一定的距离，处在自然式花园之中。花园和住宅的协调得益于建筑的落位和与规则式部分的巧妙连接。

建筑周围的草坪区成为建筑与园林之间的过渡，有 5 条步道从住宅所在的草坪区域向林地中辐射。其中最引人前往的是宽阔的绿色林地步道（green wood walk），设计处理上比较粗放，成片的北美杜鹃在颜色上相近，深绿色的叶团像白桦树的裙子，花丛上投下了白桦树斑驳的阴影。这条步道的宽度能让两个人并排舒服的行走，有着充足的阳光满足地被植物的生长。

北庭院处于建筑的三面围合之中，连接着建筑和规则式花园部分。从庭院出发的主要道路是 13 英尺（约 4m）宽的林荫路，底部种植红色、深红和褐色的西洋樱草。为了其他季节的观赏，还栽植了灌木和月季、雏菊等。通过荫凉、幽暗的坚果树步道（两侧种植大榛等坚果树形成的林荫路）、花架来到春季园，有令人眼前一亮的感觉。在春季园的草坪周围布置着花卉，从春季园开始布置了系列的主题花园——九月花境、夏季花境、鸢尾和羽扇豆花境、灰色园、紫罗兰花境等。杰基尔在花园中探索各种各样的植物搭配，就如其所言"不是因为天竺葵、半边莲和蒲包草等植物本身的错误，只是他们被错误的运用搭配；如果他们被使用得当，也是重要而有价值的植物。"

200 英尺（约 61m）长和 14 英尺宽（约 4.2m）的主花境，以高的砂石墙为背景，选用可以对花境产生对比的灌木覆盖墙体，形成可以衬托花卉色彩与质地的背景墙。主花境很好地诠释了杰基尔根据色彩原理进行植物配置的设计思想。

杰基尔的种植方式隐约出现在整个 20 世纪的造园活动中，她坚定地遵从自然法则，运用自己在艺术上的理解使索然无味的种植变成了美妙的图画。杰基尔的种植思想得到广泛的传播还得益于她的众多著作和文章。这些书中的设计思想都是杰基尔在芒斯蒂德·乌德花园中实践经验的总结。其中两本是直接关于芒斯蒂德·乌德花园的设计建造：1899 年出版的《林地与花园》（*Wood and Garden*），1900 年出版的《住宅与花园》（*Home and Garden*）。其他重要的著作涉及月季、百合、墙和水园、房子的花卉装饰、儿童花园、颜色理论等等。她还定期为《花园》（*The Garden*）和《乡村生活报》（*Coutry Life*）撰稿，也经常为《护卫者》（*The Guardian*）、《女士园地》（*The Ladies Field*）和《园艺画报》（*Gardening Illustrated*）写文章。

芒斯蒂德·乌德花园北半部平面图、主花境、北庭院见彩图 5~ 彩图 7。

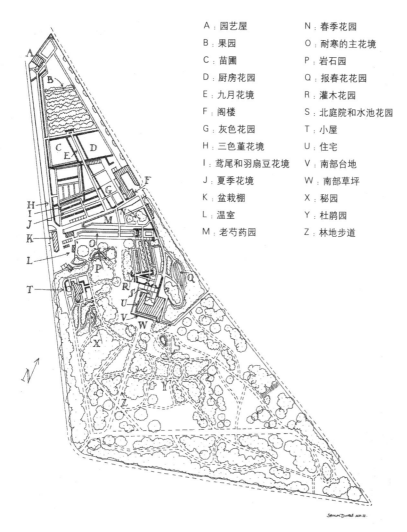

A：园艺屋　　　　　　　N：春季花园

B：果园　　　　　　　　O：耐寒的主花境

C：苗圃　　　　　　　　P：岩石园

D：厨房花园　　　　　　Q：报春花园

E：九月花境　　　　　　R：灌木花园

F：阁楼　　　　　　　　S：北庭院和水池花园

G：灰色花园　　　　　　T：小屋

H：三色堇花境　　　　　U：住宅

I：鸢尾和羽扇豆花境　　V：南部台地

J：夏季花境　　　　　　W：南部草坪

K：盆栽棚　　　　　　　X：秘园

L：温室　　　　　　　　Y：杜鹃园

M：老芍药园　　　　　　Z：林地步道

芒斯蒂德·乌德花园
平面图

芒斯蒂德·乌德花园中的主花境
(Helen Allingham 绘，1900 年)

芒斯蒂德·乌德花园北庭院

Tonbridge，肯特郡（左）

芒斯蒂德·乌德花园 的林中小路（右）

一处私宅中的坚果树步道

芒斯蒂德·乌德中，坚果树步道连接北庭院和规则式花 园部分

（二）蒂呢瑞花园（Deanery Garden）

蒂呢瑞花园由杰基尔和路特恩斯设计，位于波克夏的桑宁地区（Sonning, Berkshire）是工艺美术花园的最好的例子之一，是 1899 年为《乡村生活》（*Country Life*）的创立者和主管哈得逊（Edward Hudson）设计。该杂志对推动英国乡村 住宅和花园的建设产生了重要影响。由于哈得逊繁忙的工作日程，花园建成后 的不久就将花园卖掉了。

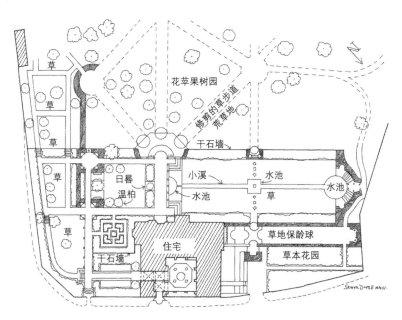

蒂呢瑞花园平面图

　　蒂呢瑞花园曾是索尔兹伯里主持牧师的住宅，河流和村庄之间的老砖墙限定了地产的外轮廓，老苹果园提供了浪漫的场景。路特恩斯设计的砖砌住宅紧靠着村庄的繁忙街道。花园共有两处入口，从主入口进入是三面围合的规则式庭院，另外一处入口通道从覆盖藤本植物的花架下通过。花园在不同标高上布置了一系列的室外围合空间，每个空间都有深景引向远处的果园。建筑和花园相互渗透，杰基尔的自然式种植与路特恩斯的几何式布局紧密结合。根据哈得逊的业余爱好，蒂呢瑞花园特别注意月季的运用——蔓生在苹果树下或丛生在挡土墙顶部。

　　无论是花境还是铜与石头的装饰物都显示了花园在细节上的丰富性。蒂呢瑞花园在新老元素之间取得了很好的平衡，也很好地展示了建筑上的细节和不规则式植物的种植方法。花园拥有各种组合的空间，是如何取得建筑和花园相协调及规则式和不规则式相结合方面的一个杰出例子。

蒂呢瑞花园中的植被景观（左）

蒂呢瑞花园中的水渠（右）

（三）米尔密德住宅（Millmead House）

　　米尔密德住宅 1905 年建成，位于色雷的布莱姆雷（Bramley, Surrey），杰基尔设计花园，路特恩斯设计建筑。米尔密德住宅展示了如何在小场地上建造景色优美的乡村住宅。场地半英亩（约 0.2hm²）多一点，长 400 英尺（122m）而宽只有 75 英尺（23m），呈长条形。

　　L 形的房子几乎占据了整个场地的宽度，由于位于繁忙的乡村街道边，临街建了一道高墙。临街的出入口直接引向了小的前庭院，铺砌的步道直通建筑的前入口。一条 5 英尺（1.5m）宽的狭窄道路挤在建筑与西部围墙之间，通向南面朝阳的主花园。前院种植的色调素雅、安静，有大量的绿叶植物，花卉选择形状和颜色较为谦逊的类型，比如耧斗菜和风铃草。绿色、安静的氛围与喧闹多彩的后院形成对比。

　　杰基尔将南面长的斜坡地分成四层台地，靠近房子的区域相对平缓，这里有中央放置日晷的规则式月季园，底层靠近河流的台地栽植灌丛。对于这长条形场地，杰基尔认为需要巧妙地处理每层空间，使各层拥有自己的特色和迥异的趣味，但总体上要有互相连接和舒适的感觉，平缓的台阶与台地相连。每部分都有矮的干石墙装饰，种植着喜阳的植物。下面最大的台地设计了缤纷多彩的花境和装饰性的果树。

　　花园最为迷人的地方是最上面的月季园，从这里能够眺望杰基尔孩童时期嬉戏的树林（杰基尔在色雷度过了童年）。米尔密德住宅的花园设计是杰基尔灵巧处理富于挑战性场地条件的杰出实例，包含了规则式和不规则式的元素，体现了工艺美术花园钟爱台地式处理的特征。

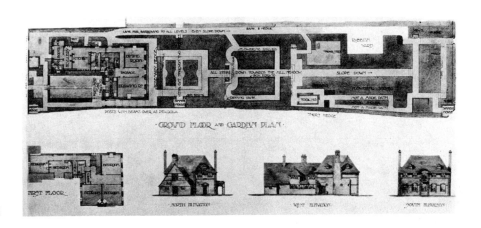

米尔米德住宅平面图

（四）佛利农场（Folly Farm）

　　佛利农场坐落于贝克郡的苏哈姆斯蒂德（Sulhamstead，Berkshire）。佛利农场花园开始只是一个木框架的农场房屋，带有辅助的谷仓建筑。1905年考克雷恩（H.H. Cochrane）委托路特恩斯进行增建，改为乡村住宅。第一次增建的建筑被设计成H形，建筑和砖砌的花园墙围合而成的入口庭院和谷仓庭院将新老建筑联系起来。佛利农场花园在经过第二任主人默顿（Zachary Merton）再次扩建后出名。1912年路特恩斯再次进行了扩建设计，不仅是建筑设计，还设计了大花园。

　　花园的规划设计中包含了3个不同的水花园。位于第一次建筑扩建部分正南面的水渠延伸着建筑的对称轴线，从水渠的尽端能够看到映照在水池中的建筑。第二个水花园是一个在L形凉廊围合下的方形水塘，反射着粗重的砖扶壁支撑下的凉廊，沿池边点缀着水生植物。第三个水花园是种植着月季的下沉式水花坛，隐藏在高高的紫杉篱中。第二次扩建部分在二层东南角的卧室外设计了突出的阳台，从上面可以俯视整个月季园。水花园的池中和池边种植着各种花卉植物，起到了装饰衬托的作用。

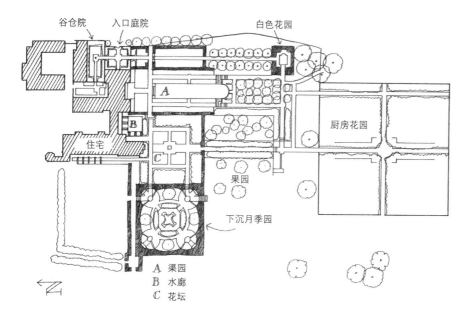

谷仓院　入口庭院　　　　　白色花园

厨房花园

住宅

果园

下沉月季园

A　渠园
B　水廊
C　花坛

佛利农场平面图

佛利农场中凉廊围合下的方形水塘

佛利农场中下沉的月季园

佛利农场中的水渠园

佛利农场花园的突出特征表现在它的布局方式上，由一系列互相联系的室外"房间"组成，每个空间都有通向建筑的视景线。花园的魅力部分得自于限定各个空间的紫杉篱，阻挡了从一个区域到另一个的视线。

佛利农场花园在很多地方表现了路特恩斯和杰基尔合作的默契，因为许多思想经过他们的实践成熟地表现在这个花园中。佛利农场花园也突出地表现了工艺美术花园空间的组合特征，预示了希德考特花园和斯塞赫斯特庄园系列空间组合设计手法的出现。佛利农场数次易主，每位主人都留下了痕迹，但是直到今天依然被认为是由私人保存下来的最好的路特恩斯和杰基尔的合作作品。

（五）赫丝特考姆花园（Hestercombe Garden）

赫丝特考姆花园是杰基尔和路特恩斯 1903 年为珀特曼（Hon E. W. B. Portman）设计，占地 3.7 英亩（1.5hm²），花园中心是大平地，三面是台地。

大多数工艺美术花园的基本特征是住宅和花园有着紧密的关系，但是在赫丝特考姆花园的设计中却故意忽略建筑的存在，花园背对住宅，穿过长长的花架看到维尔（Tauton Vale）田园般的乡村。花园有强烈的建筑式的骨架，与许多路特恩斯与杰基尔合作的花园相比，这座花园的景观显得很生硬，但突出了工艺美术花园强调规则式布局的一面。

台地下的大平地（Great Plat）与橘园台地之间形成了对比，路特恩斯在两者之间建造圆亭将两者结合在了一起。拾级而下向南最终到达东面的水花园。水渠建在台地上，占据了花园的整个长度，在西边建造了一条同样的水渠。水渠和草地之间以石板隔开，偶尔有圆形的小水窝，杰基尔在里面种植鸢尾、勿忘我、水车前和慈姑等水生植物。水最终流入了大花架末端的装饰性水池。花架的立柱采用圆形和方形交替出现的方式，花架上攀爬着月季、铁线莲和其他连翘属的植物，花架为花园提供了围合感，也作为远望乡村风景的台地。整个花园最突出的特点是变化的标高，出现了很多台阶和挡土墙。在两边的角落里从水花园引导至大地块的扇形台阶被认为是爱德华时期花园设计的成功细节之一。路特恩斯对中央的大平地采用了对角线的设计，以宽的草带通向中央的日晷，因而让杰基尔进行种植的区域呈现为三角形。花园的总体效果有强烈的建筑特征，尤其是从台地上往下看感觉更明显，而在花园中却感觉到景观丰富和放松。

与大平地的空旷相比橘园台地的亲切感更强。在荷兰园中，路特恩斯采用复杂的几何形式的花床，但是到了夏季，规则的边框消失在了薰衣草蓝色的海洋里。杰基尔还要求园丁应时种植白色的山字草、淡黄和粉色的金鱼草以及蓝色的藿香来填充空隙。在荷兰园的高度向南能够看到果园和起伏的草地。

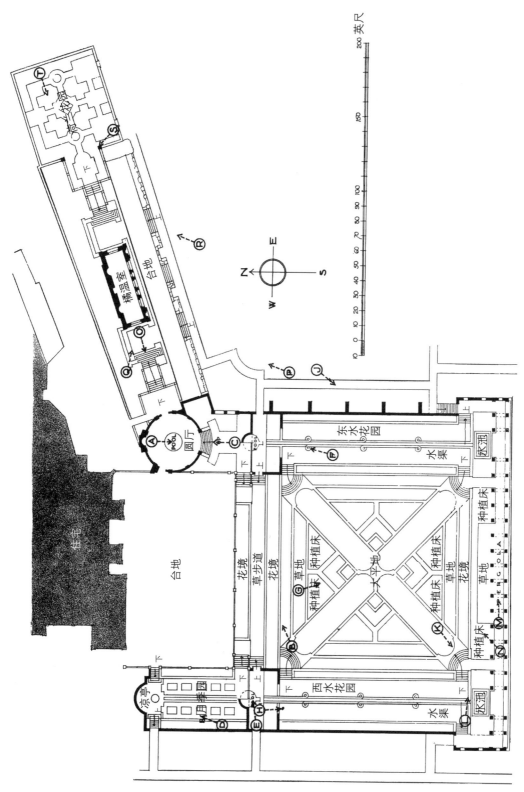

赫丝特考姆花园平面图

赫丝特考姆花园中的大平地

赫丝特考姆花园中水渠的源头

赫丝特考姆花园中细长的水渠

赫丝特考姆花园中的荷兰园

从外面看圆形水亭

自圆形水亭外望

（六）厄普顿·格雷（Upton Grey）

厄普顿·格雷位于亥姆普塞尔（Hammpshire），是《工作室》（*The Studio*）杂志的创办者霍姆（Charles Holme）的住宅。1902年霍姆从莫里斯的红屋搬出后在这里住了20年。欧内斯特·牛顿（Ernest Newton）设计了舒服的爱德华式住宅，4.5英亩（1.8hm²）的地方留给了杰基尔设计花园。花园展现了杰基尔作为种植艺术家和花园设计者的杰出才能，花园的设计借鉴了很多芒斯蒂德·乌德花园和米尔密德花园的成功经验。

在住宅的东边，杰基尔设计紫杉篱为框架的规则式花园，将草地斜坡改变成了逐渐降低的台地，每层都用低矮的干垒石墙来限定，墙上种植色彩柔和的粉色和灰色的岩生植物。覆盖着月季、铁线莲和其他藤本植物的小花架连接着房子和通往下层台地的台阶。划分成几何形的月季园简单地种植着月季和牡丹。在低一层的台地上是装饰性树木和灌木围合下的保龄球场和网球草坪。在住宅的西面是大的野生花园，为不规则式的设计和自然式的种植。修剪后的草地路径蜿蜒穿过高的草丛、蔓生的月季、胡桃树和成丛的竹子。在花园远处的水塘里种植着丰富的水生植物，春天草地上布满了水仙、雪莲花、绵枣等植物。

厄普顿·格雷花园的布局和芒斯蒂德·乌德的设计很相似，明显地分为规则式花园和野生花园两部分。规则式的部分由层层的台地组成，台地和挡墙上种植着丰富的植物，使建筑的特征得到了软化和衬托。野生花园中有宽阔的林地步道，两侧栽种着丰富的灌丛植物。

厄普顿·格雷平面图

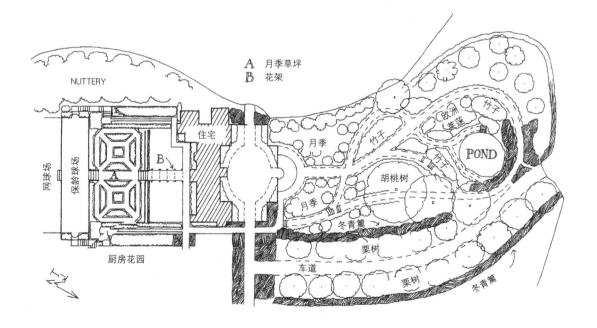

厄普顿·格雷花园东面的台地

厄普顿·格雷花园西面的自然式花园

厄普顿·格雷花园中的花境

（七）格雷夫泰庄园（Gravetye Manor）

格雷夫泰庄园是罗宾逊（William Robinson）的私宅。1885 年，罗宾逊在苏塞克斯购买了格雷夫泰庄园，其始建于 1598 年，坐落在苏塞克斯地形起伏的乡村中。这座石头别墅坐落在半山腰，面南背北，向南能够眺望很远的地方。

格雷夫泰的花园和景观的建设进行了大量的土方调动并建造了大量的墙、台地和花架。在花园的外围，有数百亩的田地、草地和自然式种植的林地。

自称是花卉造园家的罗宾逊认为一个花园应该拥有"大量的令人喜爱的以简单方式栽种的植物"。本着这种思想，他将土地划分成简单的花床，除去必要的通道外不留下一英寸的土地。即使是这样，罗宾逊还不断地购买邻近的农场和林地，后来他收集了近 1000 英亩（405hm²）的土地。他最喜爱在仔细

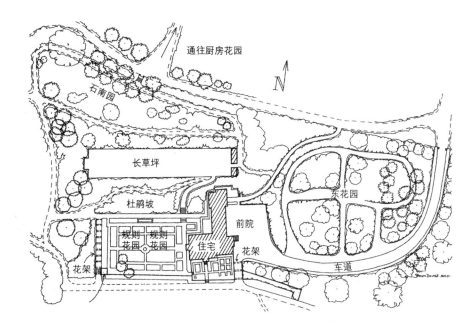

格雷夫泰庄园平面图

管理下的林地中栽植野生植物，比如大片的水仙。出于对植物的热爱，罗宾逊收集花卉、水果、灌木和树木。比如，他的水花园，是欧洲当时睡莲的最大的收集地之一，花架上爬满了数百个品种的铁线莲。

因为坚信自己的花园景色如画，罗宾逊邀请了很多知名的风景画家来描绘格雷夫泰庄园。如《花园》杂志的植物插图画家亨利·G·木（Henry G. Moon），为罗宾逊很多出版物作插图的画家帕森斯（Alfred Parsons）（彩图8）。

罗宾逊极力推崇自然式造园，与倡导规则式造园的布劳姆菲尔德发生过激烈的论争，但是在他自己的花园中并不排斥规则式造园的方法，在靠近建筑的部分就有规则式花园部分。

（八）蒂夫林花园（Dyffryn Garden）

蒂夫林花园靠近加的夫，南威尔士。大概是莫森（Thomas Mawson）设计的现存的最好的花园，完全体现了他的设计哲学。花园周围环境非常好，场地坐落于荫蔽的山谷中，有着起伏的草地和如画似的树林。1906年，莫森接受慈善家约翰·考利（John Cory）的委托扩建了现存的花园，花园和建筑是1893年建造的。莫森的扩建计划在约翰·考利去世后的第4年被其子罗吉纳德·考利（Roginald Cory）完成，罗吉纳德·考利是知名的园艺家和植物收集者。

在55英亩（22hm²）的花园中，莫森在建筑的南面增加了大草坪。为了提升景观环境，他增加了长的轴线式的水渠，从靠近建筑的栏杆延伸到远处的湖面。莫森受业主造园激情的鼓舞，设计了一系列专类园：岩生植物园、

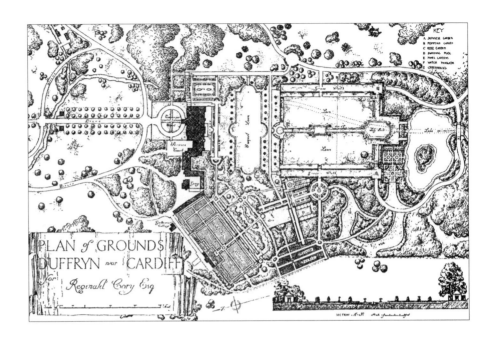

蒂夫林花园平面图

月季园、庞培园（Pompeiian Garden）、台地园、草本花境以及东边的松树园和西边的实验园。每个花园被构筑物或植物所屏蔽，很少与邻近花园产生冲突。

（九）劳德玛屯庄园（Rodmarton Manor）

劳德玛屯庄园坐落于格洛斯特郡（Gloucestershire），是纯正的工艺美术花园，由欧内斯特·巴恩斯利于1909年为工艺美术的热衷者比道夫（Claud Biddulph）设计，花园直到1929年完工。

欧内斯特·巴恩斯利提出了整体的花园规划，布置了一系列的室外空间，用低的石墙或修剪的绿篱围合，大多数的细节设计留给了首席园艺师斯科瓦贝（William Scrubey）。互相联系的系列小花园从贴近房屋的规则式部分延伸到远处不规则的原野。巴恩斯利曾在赛丁手下做过学徒，所以劳德玛屯庄园采用建筑式的处理手法不足为怪。劳德玛屯庄园中所有的石头和板材在当地开采，用农用车运输，由当地的泥瓦匠对石材切割、成形和安装。用做屋顶檩条和地板的橡树在当地木匠和工匠加工前就进行了挑选、砍伐和处理。家具，比如长椅和饭厅的凳子，由欧内斯特·巴恩斯利和西德尼·巴恩斯利设计，当地工匠制作。更为精细的家具在西德尼·巴恩斯利的工厂里制作。由当地的铁匠来制作所有窗户和门的紧固件。

欧内斯特·巴恩斯利非常敬重杰基尔及其著作。1925年，在劳德玛屯庄园的花园还在不断建设的时候，杰基尔写信向欧内斯特·巴恩斯利介绍了在附近的考姆本德庄园（Combend Manor）。1926年，就在劳德玛屯庄园将要完工的时候欧内斯特·巴恩斯利去世。西德尼·巴恩斯利接管了花园设计工作，此时他正在杰基尔的帮助下建造考姆本德庄园。劳德玛屯庄园的设计关注每一个细节，就如同杰基尔在芒斯蒂德·乌德花园中的实践一样。劳德玛屯庄园既不是一个展示花园，也不是一个园艺杰作，甚至也不是一个伟大或重要的设计，但是展现了许多人的造园思想：不只是受到了杰基尔的直接影响，莫里斯、布劳姆菲尔德、路特恩斯，甚至是罗宾逊的思想都有所体现。

　　花园位于建筑的西侧，南面视野开阔。借助修剪的黄杨和葡萄牙月桂树，南面的台地被处理成最为规则的空间，临近的空间是石槽园和修剪花园。在台地的轴线上是最有吸引力是双侧花境，用高篱作围合，在视景线的终端点缀石头凉亭。从凉亭能够穿过花境看到住宅。该花境 20 世纪 90 年代修复，有 13 英尺（约 4m）宽，大片杰基尔风格的种植。紧接花境的一侧是一个大的菜园，在另一侧是一系列的空间，包括网球场和游泳池，每个空间都由高篱围合。从阳台上俯瞰，主要的花园空间是休闲花园（Leisure Garden）。在块石路面之间嵌入月季花床和银叶植物，没有需要修剪的琐碎的草地边缘，可以静静地品味花卉的颜色和芳香。道路从休闲花园引向了下面遮掩小教堂窗户的篱笆墙，接着来到了水槽种植园，废弃的水槽和饲料槽得到了新的利用，里面种满了植物。

　　劳德玛屯庄园的花园布局是建筑式的，整体布局并不十分严谨，根据使用的需要划分成一系列的规整空间。系列花园之间的联系并不紧密，只是以直线的道路连接，更多地关注每个空间内部各自的组织与安排。这样的布局特点与莫里斯简单质朴的造园思想很相似。

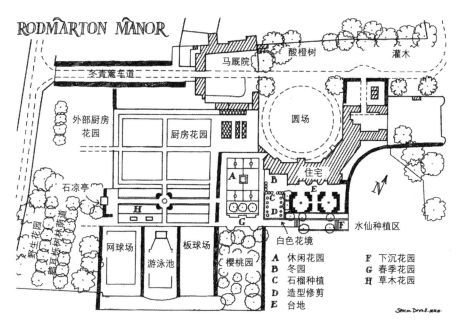

劳德玛屯庄园平面图

劳德玛屯庄园中的花境和凉亭

劳德玛屯庄园中建筑前的台地

劳德玛屯庄园中的花境

（十）希德考特庄园（Hidcote Manor）

希德考特庄园是著名的工艺美术花园，1905 年由约翰斯顿（Lawrence Johnston）建造。1907 年约翰斯顿的母亲，温思罗普（Winthrop）女士在希德考特·巴特里姆（Hidcote Bartrim）为他购买了 280 英亩（113hm²）的农场，带有一座小的石头房子和一些村舍。母亲认为这块地势高、有风的场地对约翰斯顿虚弱的肺部有好处。约翰斯顿将其中的 10 英亩（4hm²）用来建造花园（彩图 9、彩图 10）。

约翰斯顿是一位热衷于艺术化植物配置的花卉栽培者，他用紫杉、冬青和山毛榉树篱来限定一系列的花园空间。约翰斯顿的种植设计自从 20 世纪 20 年代，得到了他的好友林德赛（Norah Lindsay）的帮助。约翰斯顿曾希望林德赛能够在他去世后接管花园，但是林德赛却早于约翰斯顿离开人世。

希德考特庄园的成功，部分归功于约翰斯顿对空间的巧妙处理，有组织的空间序列改变了人的心理预期。约翰斯顿在空间尺度上进行超常规的处理，如：超大的修剪的绿篱小鸟；一个圆形的泳池占据了整个围合空间；突然出现的宽宽的长步道。希德考特庄园成 T 字形布局；自西向东从房子附近的老花园穿过双侧花境到达一对亭子；再远处，斯蒂尔特花园（Stilt Garden）缓慢抬升至花园的最高点，一座装饰性的门标示着规则式部分的结束。T 字形布局的腿部从亭子所处的平台向南延伸成为长步道，尽端的装饰性园门伫立在天空和远处的背景下。这种几何形的设计不仅展示了约翰斯顿在处理标高上的技巧，也同样展现了他处理空间的能力，10 英亩开敞的有风的地块经过改造后变成了可以漫步和令人舒服的人性化空间。

树篱为花园分隔空间起到了重要作用，也产生了丰富的肌理。萨克维尔·外斯特（Vita Sackville-West）对此进行了高度赞扬：

> "有很多紫杉，但是约翰斯顿并不满意单一的紫杉。在某些地方是紫杉和黄杨的混合树篱，呈现两种绿色阴影的诱人组合：他已经意识到自然界中有很多不同的绿色阴影，不要忘记暗的水面和富于光影变化的水中倒影，……不同树叶的肌理在与紫杉和嵌入的冬青的对比中起到了作用……"

各个花园空间内部展示着各自的特征，形成了丰富的景观。在斯蒂尔特花园中，角树光滑挺直的树干之上，编织在一起的树冠被修剪成整齐的箱形，在绿柱园中，具有完美比例的爱尔兰黄杨柱控制着整个花园空间。严格的、建筑式的修剪形状和漂亮丰富的植物种植之间的对比是希德考特庄园的主要特征。约翰斯顿打破了许多杰基尔的设计规则，植物种植没有完全遵照杰基尔单一肌理组团和渐变颜色的方法。

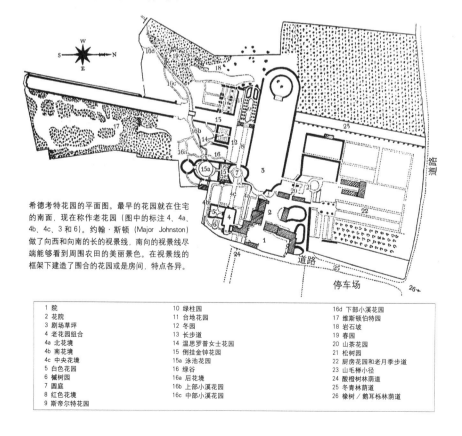

希德考特花园的平面图。最早的花园就在住宅的南面，现在称作老花园（图中的标注 4、4a、4b、4c、3 和 6）。约翰·斯顿（Major Johnston）做了向西和向南的长的视景线，南向的视景线尽端能够看到周围农田的美丽景色。在视景线的框架下建造了围合的花园或是房间，特点各异。

1 院	10 绿柱园	16d 下部小溪花园
2 花院	11 台地花园	17 维斯顿伯特园
3 剧场草坪	12 冬园	18 岩石坡
4 老花园组合	13 长步道	19 春园
4a 北花境	14 温思罗普女士花园	20 山茶花园
4b 南花境	15 倒挂金钟花园	21 松树园
4c 中央花境	15a 泳池花园	22 厨房花园和老月季步道
5 白色花园	16 绿谷	23 山毛榉小径
6 幑树园	16a 后花境	24 酸橙树林荫道
7 圆庭	16b 上部小溪花园	25 冬青林荫道
8 红色花境	16c 中部小溪花园	26 橡树／鹅耳栎林荫道
9 斯蒂尔特花园		

希德考特庄园平面图

希德考特庄园中的长步道

希德考特庄园中的泳池花园

希德考特庄园中的绿柱园

（十一）斯塞赫斯特庄园（Sissingghurst Manor）

斯塞赫斯特庄园占地 10 英亩（4hm²），位于英国肯特郡，是著名的工艺美术风格花园，由尼科尔森（Harlod Nicolson）和萨克维尔·外斯特（Vita Sackvill-West）夫妇设计。花园建在中世纪庄园的场址上，有一座 16 世纪的城堡。身为外交官和作家的尼科尔森设计了花园的主要框架，身为诗人和花园作家的萨克维尔·外斯特负责花园的种植设计。

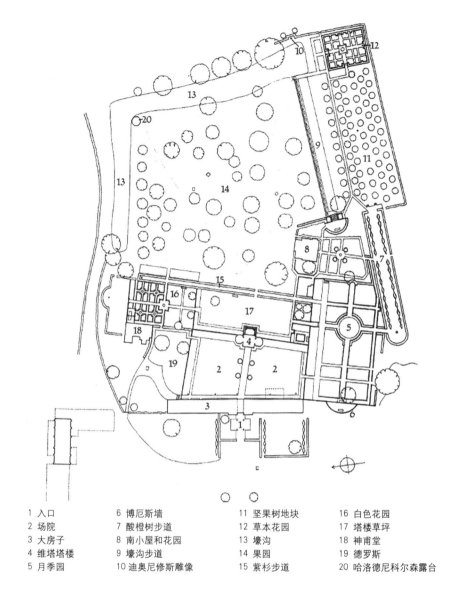

1 入口	6 博厄斯墙	11 坚果树地块	16 白色花园
2 场院	7 酸橙树步道	12 草本花园	17 塔楼草坪
3 大房子	8 南小屋和花园	13 壕沟	18 神甫堂
4 维塔塔楼	9 壕沟步道	14 果园	19 德罗斯
5 月季园	10 迪奥尼修斯雕像	15 紫杉步道	20 哈洛德尼科尔森露台

斯塞赫斯特庄园平面图

　　斯塞赫斯特庄园布满不连续、相互离散的花园空间。尼科尔森的设计结构非常松散，故意不合逻辑和不可预知。斯塞赫斯特庄园的设计很好地传承了杰基尔的设计哲学，但是萨克维尔·外斯特反对杰基尔艺术的、图画式的组合，而以诗歌般浪漫的方式来建造花园。

　　尼科尔森对花园进行了耐心的测量与观测，他希望的自西向东贯穿花园的轴线被无法改变的城壕打断。为此他做了让步，在南面的边界设计了莱蒙树林荫路作为补充。城壕与坚果树园的道路形成轻微的角度，两者之间沿河岸种满了杜鹃花。虽然花园被组织成围合或半围合的空间，但这些区域之间的边界是模糊的，在篱和墙上有很多开口，产生很多视景线，这些花园从没有让人感觉特别像"房间"。花园中规划了十个花园，他们的内容或主题变化很大，一些是按照季节组织的（果园、坚果园和春园），一些以品种为基础（月季和草药园），另外一些是纯色园（粉色花境、白色园），见彩图 11~ 彩图 14。戴奥尼夏（Dionysius）雕像坐落在视景线的尽端，同时雕像还控制着穿过果园到塔的视景线。

1932~1936 年，尼科尔森的建筑师波厄斯（Albert Powys）对斯塞赫斯特庄园的设计起了非常重要的作用。波厄斯是古建筑保护协会的秘书，他的思想影响了尼科尔森。波厄斯对斯塞赫斯特庄园的旧有肌理和气氛极度敏感，认为所有材料的选用和增建活动都应该保持原有风貌。波厄斯将祈祷屋变成了两个孩子的舒服住房，在塔院里建造了围合的北墙，提出了在祈祷屋餐厅外面建设黄杨步道和凉廊的建议。最为重要的是他建造了月季园（Rondel Rose Garden）的西墙（波厄斯墙，Powys's Wall）。这道带有可爱的半圆形凹入空间的墙体让月季园成为最好的花园空间。

斯塞赫斯特庄园是典型的、也是现存保护最好的工艺美术花园之一。它有着明显的"房间式"的空间布局形式和杰基尔式的植物种植情趣。没有明显的、控制全园的轴线系统，但是各个花园内部和花园之间有着视景线的组织与连通。

（十二）斯诺希尔庄园（Snowhill Manor）

斯诺希尔庄园是科茨沃尔德地区的一座古老的城堡，经过无数次增建和归属，到了 1919 年，别墅处于一片荒芜之中。毕生从事建筑修复和古物搜集工作的建筑师和考古学家韦德（Charles Wade）挽救了它。

斯诺希尔庄园的建筑是都铎时期风格，而花园是工艺美术风格。像莫里斯一样，设计者韦德和斯科特（Baillie Scott）崇尚英国中世纪的手工艺。在 *The Studio* 杂志组织的一次小花园竞赛中，韦德入围的方案与斯诺希尔庄园的布局惊人的相似，有一系列的庭院和深景。直到最近人们还认为是韦德设计了这些花园，但是平面图上却写着斯科特的名字。极有可能，韦德构想了总体布局，斯科特进行了专业上的细部设计。

韦德和斯科特在斯诺希尔庄园的花园设计中取得成功的原因在于将不同标高的地坪与各个附属建筑紧密地连接在了一起。从顶部的台地，能够看到各种带墙的围合空间和眺望远处的田野；从阿米勒瑞庭院（Armillary Court），穿过成排的紫杉能够瞥见石砌的建筑。小的由石墙围合的庭院设计很好地利用了场地陡峭的地形，由阿米勒瑞庭院通过紫杉柱夹峙的小路来到井院（Well Court），接着又转向了菜园，创造了一系列的惊奇和不同的情调。

"规划了一系列独立的庭院，充满阳光的庭院与荫凉的庭院产生了对比"，韦德如此描述，"花园的整体规划比里面的花卉更重要。在花园设计中的秘诀就是永远不要把所有的东西立即展示出来，设计诱人的视景线来暗示远处的东西。"

斯诺希尔庄园花园被划分成数个小院，以石墙、黄杨篱或是紫杉篱来分隔，冠以不同的主题，如：菜园、果园、井园等，体现了工艺美术花园的特点。经韦德修复的鸽笼和农场小屋被巧妙地结合进了花园规划，每块区域在互相补充的同时又各自保持着独立性。变化的标高、视景线和建筑上的特征赋予了花园独特性。花园中设置浑天仪、日晷、圆柱、古井等装饰品。在韦德时期斯诺希尔庄园是一个建筑式的花园，不怎么关注花卉，但是今天花园中塞满了漂亮的植物。

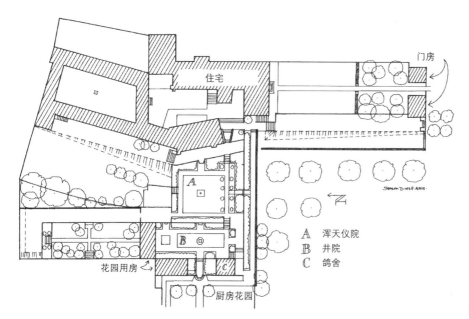

斯诺希尔庄园平面图

斯诺希尔庄园中的阿米勒瑞庭院

斯诺希尔庄园中紫杉柱夹峙的小路

英国工艺美术花园的特征

（一）工艺美术花园的布局特点

1. 建筑与花园的融合

建筑与花园相融合是建筑融入乡村环境的必要途径，是工艺美术造园的准则。杰基尔和维沃（Lawrence Weaver）的著作《适于乡村小住宅的花园》（*Gardens for Small Country House*）开篇就说"花园与建筑的正确关系是其价值和兴趣产生的主要依靠点。这种联系必须是亲密的，不仅是易于到达而且是引人动心的。"

虽然工艺美术花园的造园者都在强调建筑与花园的紧密关系，却基于不同的理解。罗宾逊认为"真正的花园应该与建筑紧密联系，所有我们珍爱的花卉都在那里，这样我们能够最为直接地欣赏我们搜集到的植物。"[1] 可见罗宾逊对于花园与建筑的紧密联系更多的考虑是为了植物的欣赏，而非建筑与花园的融合。对于花园，莫里斯认为是给建筑着装，是建筑为了与周围环境取得联系而在植物方面进行的扩展。在《追求》中他写道，"由紫杉篱分隔的花园看起来自然真挚、非常愉悦，就像是房子的一部分，或至少是房子的装饰，我想这是花园设计应当追求的目标。"与罗宾逊和莫里斯相比较，莫森的理解更为深刻，他认为"花园的设计要与住宅及其建筑上的特征相联系"。从本质上看，莫森将花园设计理解为一门艺术，建筑上的风格限定了花园的布局结构。

工艺美术花园在靠近建筑的区域采用规则式的造园方法使花园与建筑取得了秩序上的一致。布劳姆菲尔德认为建筑不可能与自然中的事物相类似，只能改变场地，用规则的方法种植树木和绿篱使自然与建筑取得协调。他甚至认为由于花园设计成为了建筑的伟大艺术才取得了良好秩序上的和谐。虽然布劳姆菲尔德的言辞有些过激，但是道路、绿篱、台地的规则式处理使花园在结构上与建筑取得了一致。

大多数工艺美术花园由明显的两部分组成，靠近建筑是规则式的布局，远处是自然式的林地。规则式的部分延伸着建筑的秩序，在建筑式的框架下，进行自然式的种植。建筑与自然的乡村环境在规则式花园中取得融合。花园所采用的"房间式"布局方式和精心的深景设计是建筑与花园取得融合的重要手段。

2. "房间式"空间结构与主题花园

工艺美术花园在靠近建筑的区域采用规则式的处理方法，形成一个个类似建筑室内房间似的空间布局。由于这种结构形式与细胞形结构很相似，又称其为"细胞形"空间。在每个空间中依照个人兴趣的不同布置岩生植物园、月

---

[1]　Tankard Judith B. Gardens of the Arts and Crafts Movement. 105。

季园、菜园、水花园等内容或者白色园、蓝色园、黄色园、橙色园、灰色园等不同颜色主题的小花园，有些空间根据使用功能的需要安排网球场、槌球场等活动场地。这种结构为园艺师进行种植试验提供了理想的场所，也为一些花园拥有者提供了根据个人喜好进行局部改造的机会。由树木、紫杉篱和围墙形成的统一框架结构将各个空间互相隔离，使气氛不同的各个花园互不影响，各种颜色主题的花境互不干扰。这样的框架结构既保证了花园整体上的统一，又使花园拥有缤纷多彩的内容。

工艺美术花园的"房间式"结构源自花园围合的思想，后来发展成为更为亲密的花园空间的概念。各个空间有时只是并列的排布，互相之间并无多少联系，如劳德玛屯庄园；但是在许多著名的工艺美术花园中，花园房间相互之间通过深景的设计而紧密相连，大大小小的空间呈线性展开，如希德考特庄园、斯塞赫斯特庄园。更为重要的是，通过控制这些花园空间的尺度变化，加强了空间之间的对比，给人心理上造成了起伏跌落的变化，希德考特庄园在这方面是最为突出的实例（彩图 15、彩图 16）。

这种"房间式"的空间结构，适合当时花园使用者的实际需求，但是这种自由和可变性也带来了问题，正如邵戈（Charles Thonger）在 1904 年《花园设计手册》（*The Book of Garden Design*）中所说"很多人在寻求专业上的帮助的时候，要求设计师在设计中'什么都来一点'。他们要求必须有月季园，角落要种岩生植物，要有一定面积的地毯式花坛、水景和沼生植物、花架和很多其他的东西。"一个很普遍的错误就是采用了"房间式"的空间结构，却忽略了与住宅周围环境的联系。[①]

3. 深景

深景，指人透过两排建筑或树木之间空隙看到的远景或视觉感受。深景形成了工艺美术花园中迷人的景观，形成了花园幽静深邃的气氛。

工艺美术花园没有明显的轴线，由深景所形成的轴线并不起到统摄全局的作用。深景只是在局部的区域起到组织空间引导视线的作用，即使偶尔形成了花园主轴线的迹象，其控制力也显得很微弱。但是深景的设计是工艺美术花园在空间处理上的重要组成部分，加强了各个空间之间的串联，有效地引导着视线、暗示着空间。

深景的设计往往与建筑有着直接的关系，比较常见的现象是正对着建筑的门或室内的主要房间。如果说工艺美术花园建筑式的布局方式使花园与建筑在整体秩序上取得一致的话，深景的精心设计则加强了建筑与花园之间的沟通与联系（彩图 17~ 彩图 20）。

深景的构成借助林荫路、双侧花境、绿篱夹道或是花架等多种方式。在深景的尽端，布置凉亭、雕像、座椅或是漂亮的园门或门柱。深景的尺度设计

① Richardson, Tim. English garden in the twentieth century[M]. Aurum Press, 2005：59-62。

宜人，如果是林荫路也只是在两侧采用单排树木形成，较窄的宽度增加了深邃的感觉。

4. 规则式布局自然式种植

规则式布局自然式种植是工艺美术花园最主要的特征。规则式的结构使花园体现了建筑上的特征，与建筑取得了布局上的统一，自然式种植软化了建筑的僵硬，使建筑与自然相结合，融入周围的乡村环境中。

杰基尔和路特恩斯的合作造园活动确立了这种规则式布局自然式种植的造园方式。1889 年两人相遇时，杰基尔 46 岁而路特恩斯只有 20 岁，两人的合作开始于建造杰基尔的芒斯蒂德·乌德花园。之后，在 1890~1914 年，他们共同设计建造了 100 多个花园。在杰基尔的家乡色雷他们一起出游，欣赏乡村的风景，探讨乡村建筑的形式、材料，汲取设计的灵感，由此奠定了他们合作的基础。"园艺家杰基尔女士与建筑师路特恩斯长期合作，像工艺美术运动中的设计师一样，他们提倡从大自然中汲取设计源泉。""凭着对老住宅和乡村建筑的材料和质感的理解，对基地与乡村景观的敏感，他们找到了统一建筑与花园的新方法，他们的设计是规则式布置与自然植物的完美结合。这种以规则式为结构，以自然植物为内容的风格经杰基尔和路特恩斯的大力推广和普及后，成为当时园林设计的时尚，并且影响到后来欧洲大陆的花园设计。这一原则直到今天仍有一定的影响。"①

杰基尔和路特恩斯所采用的这种规则式布局自然式种植的设计方式充分体现了花园与建筑的融合。与同时代沃塞（Voysey）、玛娄（Mallows）、斯科特（Baillie Scott）和韦伯（Webb）等人的作品相比，杰基尔和路特恩斯设计的花园看起来像是建筑的一部分。芬扎·耿（Fenja Gunn）在《杰基尔不为人知的花园》（*Lost Gardens of Gertrude Jekyll*）中很好地总结了杰基尔的种植和建筑之间的关系："她的大多数花园是基于规则式的规划，台地、水池、修整的草坪和花境的形状都呈现出规则形的特征。在整齐的结构里，杰基尔种植着大片繁茂的植物，灵活运用着丰富的颜色。虽然从设计图上看很复杂，但实际效果从不琐碎。通过仔细控制混合色彩的大片种植，杰基尔使植物与环境相协调。"②

自然式种植的作用远不只是去软化建筑的形体，在一定的程度上提升了建筑的形式美。从杰基尔的种植中可以一再发现植物材料不是去遮挡、模糊建筑的边角，

台阶旁的植物配置

① 王向荣，林箐. 西方现代景观设计的理论与实践。
② Richardson, Tim English gardens in the twentieth century 47。

而是去衬托建筑。如，人为控制常春藤等攀缘植物的生长，以免遮盖建筑的细节；在水渠中种植鸢尾，用叶子竖向的线条来强调水渠细长的感觉；花架旁、台阶的缝隙、小路的边缘的种植也都与建筑元素相互衬托，而非简单地模糊建筑元素的边角。

工艺美术花园自然式种植的特点不仅体现在规则式花园的部分，在自然式花园的部分也有着充分的表达。按照罗宾逊思想，在自然的林地中充分利用林下林缘的区域采用自然的方式种植本地植物和能够适应自然环境的外来植物，形成类似野生的景观。

（二）工艺美术花园的造园要素

1. 墙体

墙体和绿篱是工艺美术花园中用来分隔空间的主要造园要素，围合形成不同使用功能的场地和不同主题的小花园。

由于很多花园深受意大利园林的影响，墙体上多装饰意大利风格的栏杆。而墙体从不光秃，根部总是栽种着各种各样的植物，墙体上爬满了攀缘植物，掩饰建筑的僵硬特征。更为常见的情况是将围墙用作长条形花境的背景。而砌筑台地的挡土墙往往是干砌石墙，墙体上留有很多空隙，配置耐干旱瘠薄的岩生植物而形成富有特色的墙园。

花园围墙的选材和风格往往和住宅相一致，大多数情况下它们都是由建筑师统一设计的。墙体的砌筑是由当地的工匠来完成，显现了当地的手工艺特征。

2. 绿篱

修剪整齐的绿篱植物构成了花园骨架，起到分隔空间和组织空间序列的作用。在绿篱的围合下，每个组合空间内开展的娱乐活动可以互不干扰。各个主题小花园形成各自的氛围，以颜色为主题的各个花园互相隔开，不会产生紊乱的感觉。另外，笔直通长的树篱可以组织视景线，形成长长的深景。

暗绿色的绿篱是花境植物的良好背景，很好地衬托了花坛和花境中花卉的亮丽颜色。杰基尔风格的长长花境，色彩丰富而绵延不断，后面常以厚重的树篱为背景。树篱可以形成墙、拱门、圆柱，甚至修剪成惟妙惟肖的动物形象来活跃场景的气氛。

树篱和修剪植物能有力营造花园的氛围，形成花园的基本特征。很多工艺美术花园在更换主人后，由于个人兴趣的不同，主题小花园会发生很大的变化，或是由于社会经济发展的某种原因，花园被荒芜，但是由绿篱所形成的花园骨架系统往往能够得以保留，保持了花园的基本格局不变。

3. 花丛或花境

花境的发展有着较长的历史，在 19 世纪晚期工艺美术花园获得辉煌发展之前一直发展缓慢。花境的缘起最为直接的追溯是种植着花卉的窄条花带，在 17 世纪的法国巴洛克园林中被称为平带 (plate-bande)。虽然在字面上称作"平平的带子"，但是可以沿着轴线隆起成为尖顶或圆包，让观赏植物占主导。[①]

花境的全盛时期涵盖 19 世纪晚期和 20 世纪，杰基尔对于花境兴起与发展功不可没。杰基尔凭借艺术家的眼光和对植物栽培的深刻了解，创造了按照英国浪漫主义绘画方式进行植物配置的方法，有力地推动了花境的发展。她的著作《花园的颜色规划》(*Colour Schemes for the Flower Garen*，1908 年)中详细描述了她孜孜以求的花卉搭配效果及设计方法。英国很多花园中的花境设计深深地受到了杰基尔设计思想的影响，如克瑞斯城堡 (Crathes Castle，926 年)、希德考特庄园 (Hidcote Manor，1907 年)、斯塞赫斯特庄园 (Sissinghurst Manor，1930 年)。直到今日，花境依然是英国花园的统一特征。

色彩绚烂的花境设计是最令人称道的英国工艺美术花园的特征，成为了英国花园的永久性象征。长长的花境设计是很多著名的工艺美术花园的突出景观，设计内容十分丰富，常以颜色为主题进行设计——白色园、蓝色园、黄色园、橙色园、灰色园，按照季节进行分类的花境设计则延长了花园的观赏时期。

不管花境中的植物多么繁茂，设计的内容多么丰富，植物总是处于规则式的总体框架之下，沿着墙体、台地或绿篱呈线性展开。生长茂盛的植物覆盖了花坛的边界、路缘和挡土墙，使很多建筑式的元素看起来并不十分明显。

4. 水景

工艺美术花园中的水景面积都比较小，多是以规则式水池的形式出现，偶尔出现在林园中的自然形水体，面积也不大。规则式水池往往结合喷泉和跌水的形式出现。

水景不是花园总体构图中的主要造园要素，不像意大利园林在轴线上安排叠泉或是壮丽的喷泉，也不像勒诺特园林中的水渠成为轴线的延伸，只是以丰富多彩的水景园的形式独立存在。这些水景园都位于围墙和绿篱所形成的"房间式"结构中，空间相对封闭，对于花园的整体结构并不产生重要的作用。

水景园的设计非常丰富，有着各种各样形式的水花坛。讲求装饰，各种形式的吐水兽和水盆饰纹显现了当地的手工艺。

工艺美术花园的水景园中总是点缀着丰富的植物，追求水与植物的结合。在植物的装饰下，各种形式的水花园显得格外亲切和自然。

5. 建筑小品

工艺美术时期的建筑设计强调功能性，突出功能第一的原则；强调就地取材，采用本地的建造方法和技术；尽量控制使用装饰。花园中的建筑小品往往和住宅一起由建筑师统一设计，在用材和风格上相一致，所以也体现了与建筑设计相同的设计原则，突出自然简朴的特征。

[①] Taylor, Patrick. The Oxford Companion to the Garden[M].Oxford University Press, 2006：54。

（1）凉亭

凉亭是工艺美术花园中最大的建筑形体，在长条形空间中，常常位于双
侧花境的终点或者长条形水池的一端，成为视线的焦点；在方形的空间中常位
于花园角落，并占据较高的位置，既可以总揽全园的景色又可以眺望园外的景
观。虽然凉亭的建筑风格多样，但在用材和建造的工艺上与住宅相一致。

各种凉亭的形式

（2）鸽笼、园门

鸽笼多与围墙、园门结合在一起设计，成为门柱、墙垛或门楼的一部分。
园门的作用更多是考虑到装饰的作用而非防卫的功能。

工艺美术时期的花园沿袭很多 17 世纪末以来各种形式的铁艺园门，充满
了涡形装饰，显示了当地的手工艺水平。另外一些简单的木门形式更能体现纯
朴的乡村风格。园门不只是装配在花园与外界隔离的围墙上，在两个空间存在
高差变化时，也往往在台阶的顶部用园门进行隔离。

园门

西德尼·巴恩斯利带
有鸽笼的拱门（左）

门柱上的鸽笼，欧内
斯特吉姆森（右）

（3）花架

花架源自于意大利园林，但是与意大利园林中的花架相比，工艺美术花园中的花架简朴、自然。选用的材料都是当地出产的石材、砖和木材，甚至采用铁制品，但造型都非常简单，更多的考虑是为攀缘植物提供攀缘和展示的设施。

用来覆盖花架的藤本植物种类丰富多样，即使是同一种植物，也要注意色彩上的搭配，往往是不同种植物互相混合。在两侧花架立柱的根部，往往栽种灌木和草本花卉形成郁郁葱葱的两条花带。住宅和花园之间，或是两个区域之间的过渡区域常采用花架来连接，同时花架也是形成深景和围合空间的重要手段。

简易铁制花架（左）

赫丝特考姆花园中的
花架（右）

厄普顿·格雷花园中
由木柱和绳索构成的
简易花架（左）

花架上下都为繁茂的
植物覆盖（右）

（4）座椅

工艺美术时期的建筑师不仅设计建筑，室内装饰和家具经常也是他们涉猎的内容，花园中的座椅就经常是由建筑师设计的。

在花园中，座椅经常放在长长的花境旁或是深景的尽端，背靠绿篱或围墙，起着与雕塑相似的点景作用。

精心安置的路特恩斯椅　　　　　　　　　石椅

花园中的日晷、花园中的雕像、瓶饰（从左至右）

（5）日晷、瓶饰和雕塑

虽然工艺美术花园深受意大利园林的影响，但是在用日晷、雕塑和瓶饰进行花园装饰方面却很审慎。并不像意大利园林那样求得华丽的装饰效果，只是经常在视线的尽端、庭院的中央等有限的地方放置装饰物。

（三）工艺美术花园植物配置特色

自然而绚烂多彩的植物景色是工艺美术花园最突出的景观特征。这一特征的获得主要是得益于罗宾逊野生花园的思想和杰基尔艺术化的植物配置方法。罗宾逊的两本著作《野生花园》和《英国花园》影响深远，《英国花园》一书罗宾逊在世时就出版过 15 次，而杰基尔 1988 年出版的著作《花园的颜色规划》，

2001 年依然在印刷发行。在二人设计思想的影响下，工艺美术花园在植物配置上的特色集中表现在宛若自然的种植方式和绘画般的花卉布置两个方面。

1. 宛若自然的种植方式

在自然的环境下通过自然的种植方式展现植物的自然形态之美。

（1）可以在花园中自然生长的植物

罗宾逊野生花园思想的首要之处在于选用可以在花园中自然生长的植物，提出采用耐寒植物的概念来反对维多利亚时期大量采用娇弱的温室植物。当时采用温室植物已经发展到了非常普遍的程度，色彩艳丽、有突出观赏特征成为植物选择唯一标准。即使在国家最大的花园中都很难发现一株耐寒的植物，所有的人力、物力都投入到为夏季展出所需的有限的几种外来植物的生产上。对于这种植物种植方式的弊端，罗宾虚进行了批评，"应该十分清楚这种形式的耗费是每年一次的；不管这种方式花多少钱，或者可能投入多少年，十一月份的第一次霜冻就表明来年要继续投入人力和物力。"工艺美术花园的自然种植观念首先是指在合适的场地和条件下，安置能够自然生长的、耐寒的外来植物，不需要特别的管护。

受村舍花园的影响，工艺美术花园偏爱选用乡土植物，反对使用栽培品种，认为乡土植物不仅能够更好地适应自然环境，而且表达了工艺美术运动追求本地特色的精神。

采用本土植物和适合本地自然气候条件的外来植物是罗宾逊野生花园思想的重要组成部分，也是工艺美术花园自然式种植方式确立的基石。

（2）通过自然式种植展现植物的自然形态之美

自然式种植的概念首先是指将植物种植在适合生长的自然状态下。对于工艺美术运动的支持者的而言，植物是设计灵感的源泉，他们喜爱自然状态下的植物。罗宾逊有着详细的描述，"对大多数人来讲，一株漂亮的、自然状态下的植物更富于吸引力。在一定的环境中它能够自我照料；通常上面是绿色的树木覆盖，周围是苔藓、荆棘和野草。""在世界上的许多地区有着数不清的美丽的土生植物，野生花园的目的是通过在我们的林地、树丛和游乐场外的区域自然式种植这些植物来展示我们怎样去拥有比最受盛赞的老式花园更多样的美。"[1] 在自然环境下去种植植物，使它们融入自然环境，展示野生状态下的植物之美，是工艺美术花园造园者的追求。在这种思想的影响下，植物被种植在树丛里、石墙上、步道边、水塘里等自然的环境下。

杰基尔式的自然搭配方式是自然式种植的另外一层含义。在由绿篱和墙体构成框架的规则式花园中，植物采用自然式搭配的方式种植，既起到软化僵硬的建筑边角的作用，又能衬托建筑元素。另外，通过自然式搭配的种植方式可以使不同花卉的色彩相互融合并逐渐过渡。

---

[1] Turner, Tom. Garden History Reference Encyclopedia. 2848.

2. 绘画般地花卉布置

在罗宾逊野生花园思想的引导下，杰基尔结合自己对绘画艺术的理解和对色彩的感悟形成了植物配置的颜色规划理论，最为清楚地表现在草本植物花境的设计上，表现为绘画般的花卉布置特点。浪漫主义绘画般的花境设计，如同绘画笔触一样的长条形植物组块，使杰基尔的造园如同在花园中作画，有着柔和朦胧的绘画意境。"自制与慷慨"、"协调与对比"是杰基尔植物配置颜色规划理论的核心，而"漂浮物"状的种植条块则是杰基尔标志性的形式语言。

(1) 设计原则——"自制与慷慨"、"协调与对比"

杰基尔对选择植物并将植物组织在一起有着强烈的偏好，在花境植物颜色搭配方面的探索令杰基尔声名远扬。杰基尔的种植规划不是简单地在建筑框架内肆意摆放无定形的植物材料来遮挡建筑僵硬的墙角，而是克制地运用植物材料来实现总体规划的思想，塑造一系列的景致来装饰花园的结构骨架，保证花园的协调统一。杰基尔设计的花境，颜色柔和而协调，既有颜色的渐进变化，又有着相互对比衬托下的鲜亮。

杰基尔的设计从形式、肌理和颜色的仔细规划中寻求协调，而不是单纯刺激感官。这种协调和对比的均衡首先通过对花园尺度的控制来获得。在数英亩的大花园中，在从朦胧的灰色和粉色空间进入明亮彩色花境之前有一定的空间穿过大片的暗绿组团；在进入灰色和蓝紫色的花园之前，留有足够的空间和时间以炙热的橙色来浸润眼球，控制下的对比既产生了绚烂的色彩又不至于凌乱。但是杰基尔的设计更多地诠释了小尺度下对比的控制。暗色背景下的亮丽花境，灰色的花园用橙色花境来环绕，或者用暗绿组合来呼应灰、粉红和淡紫色。更为重要的是，即使尺度再大的规划也注意细节问题。用剑兰尖尖的叶子强调丝石竹云雾状的柔和；花境中洁白的百合将暗红色花卉衬托得更加饱满而免于阴沉；粗壮的岩白菜组团使透漏的花境组合避免过于荒疏。

自制与慷慨、协调与对比的设计理念在珀乐公园 (Pollards) 的花境设计中得到了很好的诠释 (彩图 21)。严谨的几何形设计体现了自制的原则，一个直径大约 25 米的圆形空间，由两条长约 30 米的弧形花境围合而成。慷慨的感觉来自于重复出现的植物组团——水苏、千里光、瓜叶菊。花境完全采用柔和颜色的花与叶子——粉红色、白色、淡紫色、紫色和灰色。在灰白色系取得协调的总体框架里布置花卉：紫穗的薰衣草，淡黄色的糙苏，粉色的蜀葵，以及在黑绿、灰色叶子上挺立着蓝色花球的蓝刺头，大片纤细深色叶上布满密集白色花头的蓍草。为了进一步取得协调，管理上还要求园丁及时去除神圣亚麻和千里光的黄色花，避免产生强烈的对比；蓍草通常被安置在蓝刺头的旁边或前边，这样叶子的深色能够借助蓝刺头白色的下叶面而被充分地吸纳，融入整体设计；紫色的铁线莲、长条形布置的灰紫色藿香以柔和的肌理、颜色和充满香气的天荠菜完善了整体的设计；另外，要求在晚春播种高代花来统一整体的画面。为了求得统一协调下的变化，用蜀葵和银叶欧滨麦强调竖向特征；在蜀葵的后面和中间配置花期持久的多年生豌豆，其白中带粉的颜色为花境带来了变化；在花园的入口处，两团火把莲似的深色的叶子和强烈的橙色加强了对比。正如贝丝格罗弗所做的评述："没有潜在的协调，对比就没有意义；没有对比，欣赏协调就没有可参照的框架。"①

当然，颜色规划不是杰基尔设计思想的全部，她在《花园的颜色规划》一书的结语中说，"如果在前述的章节中我过于关注颜色问题，并不是说贬低同等重要的形式和比例问题，而是我认为颜色问题经常被忽视或者说论述较少。"② 实际上，在其所追求的协调和对比的平衡中，植物形态和肌理的考虑和颜色规划同等重要（彩图 22、彩图 23）。

（2）特色的设计语——"漂浮物"状的种植方式

杰基尔的种植设计中重要的形式元素是长条形、薄的、富于流动感的种植条块——她称其为"漂浮物"。杰基尔的"漂浮物"元素在她的花境设计中非常明显，条状的植物组块沿着长长的花境交错着排布，犹如在长长的溪流中漂浮；按照色谱顺序逐渐变化，整条花境浑然一体，就像特纳绘画一样气势磅礴、绚烂多彩。漂浮物状的种植方式使植物在开花时能最大数量地展现出来，花谢时又让位于其他植物，不同植物之间可以更好地搭配、互相衬托。另外，重复的条块就像画家笔触一样，可以取得设计特征上的统一。即使在林地的植物配置中，互相交叠的冬青、橡树等乔灌木的植物组团同样采用这种设计形式。甚至，台阶上、干石墙上的种植都显示出同样的特征（彩图 24、彩图 25）。

杰基尔的造园思想深深地影响了欧洲、美国的花园设计，虽然在美国广阔的疆土和迥异的气候条件下杰基尔造园模式的广泛应用受到了挑战，但在西方现代花园的植物搭配中依然能够看到杰基尔植物配置颜色规划理论的深刻影响。杰基尔在植物配置方面的理论探索与实践，使植物种植变成了一门植物搭配的艺术，改变了维多利亚时期单纯展示植物种类和欣赏单一植物形态的造园风尚。

（四）思想荟萃、手法熔炼的工艺美术花园

工艺美术花园强调建筑与花园的融合，在靠近建筑的区域采用规则式的造园方法使花园与建筑取得了秩序上的一致。大多数工艺美术花园由明显的两部分组成，靠近建筑的区域采用规则式的布局，远处是自然式的林地。规则式的部分延伸着建筑的秩序，在建筑式的框架下，进行自然式的种植。建筑与自然的乡村环境在规则式花园中取得融合。工艺美术花园的"房间式"结构形式和精心的深景设计是建筑与花园取得融合的重要手段。房间式的布局方式使花园处于统一的框架结构下，可以包含丰富的内容，即使风格、主题、功能差别很大的花园类型都可以互相独立存在而互不干扰。而深景的设计，则加强了"房间式"空

---

① Bisgrove，Richard.The Gardens of Gertrude Jekyll。
② Jekyll，Gertrude.Colour Schemes for the Flower Garden。

间之间的联系。杰基尔和路特恩斯确立的规则式布局自然式种植的方式不只是取得规则与自然的融合，更提升了两者在互相对比衬托下的艺术表现力。

工艺美术花园布局特点的实现主要依靠墙体、绿篱和花丛花境等造园要素的灵活运用。墙体和绿篱的围合和标高上的变化实现了规则式的布局和"房间式"的结构形式，繁茂的花丛、花境则实现了自然式种植的特点，而水景并不像在传统规则式花园中起到重要的构图作用。凉亭、花架、园门、鸽笼等建筑小品则表达了自然、质朴和强调手工艺的特点。

植物配置上的特色是工艺美术花园影响至今的重要原因。罗宾逊野生花园的思想和杰基尔基于浪漫主义绘画理论的植物配置理论在现代园林设计中依然有着深远的影响。

进退两难与建筑试验——现代园林设计思想的探索

　　20世纪现代园林的发展总要溯源到工艺美术运动的影响，产生了独具特色的工艺美术风格花园。但究其呈现的形式语言却又并非"现代主义"，其设计手法深深地扎根于传统。多数的观点认为，除了绘画艺术的引领，建筑方面的探索是影响现代园林蜕变为"现代主义"形式的最主要因素。在英国依然如此，现代园林设计思想在建筑领域的率先探索中努力地向前发展着，只不过掩盖在工艺美术花园璀璨绚烂的光芒之下，不为人所知，甚至被遗忘。

国际园林设计展

达西·布莱德设计的位于诺福克的房屋

　　1928年10月，英国皇家园艺学会举办了为期一周的国际园林设计展（International Exhibition of Garden Design），这次展会后来也被认为是1930年代英国园林设计的开端。

　　展会一共分为五个部分。第一部分是对1850年的设计进行回顾。该部分包含了大量取自《乡村生活报》的图片，内容涵盖了汉普顿宫苑（Hampton Court）、雷斯特花园（Wrest Park）、彭斯赫斯特（Penshurst）、斯陀园（Stowe）、卡侬阿什比（Canons Ashby）、布拉默公园（Bramham Park）、伯明顿（Badminton）、阿什比堡（Castle Ashby）和英国皇家植物园（Kew）。这一部分的负责人是蒂平（H. Avray Tipping），他既是建筑杂志编辑又是一位贵族,出版了《新式与旧式花园》（*Gardens Old and New*），这本书对于当时园林界有着非凡的意义。第二部分，也是最大的部分——城乡景观设计。这个部分中比较具有代表性的作品有佩尔西·凯恩（Percy Cane）的博登马道（Boden's Ride）、阿斯科特（Ascot）、小围场（Little Paddocks）、森宁希尔（Sunninghill）和阿贝蔡斯（Abbey Chase），埃德温·路特恩斯（Edwin Lutyens）的赫斯特库姆（Hestercombe）和摩各花园（the Mogul Garden），托马斯·莫森（Thomas Mawson）的雷克兰苗圃（Lakeland Nurseries），克拉夫·威廉埃利斯（Clough William-Ellis）的波特梅里恩（Portmeition）以及雷金纳德·布劳姆菲尔德的么勒斯戴恩（Mellerstain）和马普尔索普（Apethorpe）。除了园林设计，这一部分还展示了建筑师达西·布莱德（Darcy Braddell）设计的一个旧式的水景园和位于诺福克的一个精美的小屋子。除此之外还有建筑师汉弗·莱迪恩（Humphry Deane）的一些作品。第三部分以公共建筑为主，除了大量的后维多利亚风格的市政建设外，还展示了玛德琳阿加（Madeleine Agar）对

查尔斯·霍姆推荐的第四个园林

温布顿公园的改造成果，玛德琳阿加是英国第一位在公共
领域进行设计的女性景观设计师。

　　展会内容具体的图片资料和文字资料已经很难找
到，但根据简·布朗（Jane Brown）在《20 世纪英国园林》
中的描述可以得知，这次的展览让人们看到了英国园林
正处于一种进退两难的境地，随着园林体量的逐渐缩小，
传统的意式园林和英式园林已经无法应对。英国园林的
这种困窘也可以从 1936 年《工作室》编辑查尔斯·霍姆
（Charles G. Holme）推荐的小型园林中窥知一二，其中
的第四个推荐园林就试图在极小的空间中尽可能多的纳
入园林要素，导致整个庭院带给人们一种混乱和幽闭感。
园林设计师罗素·佩吉（Russell Page，1906~1985 年）也
评价 1900~1930 年的英国园林是"毫无风格可言，就是
一堆大杂烩"。可见，此时的英国急需一种新的设计理念。

风景园林协会出版的"风
景与园林"杂志封面

　　此外，这次展会也让英国园林界意识到，在英国设计师的作品中以及即
便是很权威的杂志中都很明显地缺乏统一性。这也就促使了英国风景园林学会
（Institute of Landscape Architecture）的产生（现在称之为 Landscape Institute）。

　　受国际园林展的影响，斯坦利·哈特（Stanley V. Hart）和理查德·苏戴
尔（Richard Sudell）在 1929 年的切尔西花展上组织了一些对园林设计感兴趣的
人，讨论是否成立一个专业性园林组织。受到邀请的除了布伦达·科尔文（Brenda
Colvin）、佩尔西·凯恩等园林设计师外，还有一些建筑师，例如奥利弗·希
尔（Oliver Hill，1887~1968 年）、吉尔伯特·詹金斯（Gilbert Jenkins）、杰弗里·杰
里科（Geoffrey Jellicoe）和巴利·派克（Barry Parker）等。这些建筑师对英国
园林的影响和推动作用很大，科尔文也曾表示："如果没有建筑师的帮助和影响，
这个学会可能会成为一个纯粹的园艺学会。"[1] 风景园林学会被认定为一个极其

① Trish Gibson. Brenda Colvin [M]. London：Frances Lincoln 2011：32-39，146-153。

马里兰（Marylands）中
的水池（左）

奥利弗·希尔的召德
汶（Joldywynds）（右）

专业性的组织，其成员都是当时比较出色的设计师，而即便是有着高品质作品的园林承包商也只允许以"荣誉会员"的身份加入。

风景园林学会的成立使得英国的园林设计师们有了更多交流的机会，成员们在这里讨论和分享信息，园林设计师们也得到了更多的社会认可。最初学会中的设计师们都大多只参与过私人花园的设计，除了托马斯·莫森以外，几乎没有人接触过更大尺度的景观设计，直到托马斯·亚当斯（Thomas Adams）的到来，学会中的设计师才得以大开眼界。亚当斯一直在美国工作，参与过纽约的区域规划以及威彻斯特郡的公园系统设计。他让英国设计师们看到了风景园林在国际上发展的现状，了解到景观设计不仅局限于庭院，它还有着更广阔的发展空间。布伦达·科尔文就曾表示，是亚当斯让自己大开眼界。在亚当斯的影响下，她后来也前往美国参观了许多优秀的景观设计，这段经历对她日后的设计有着很大的影响。1937年，亚当斯成为学会的主席，在他的带领下，学会成员们不再只局限于公园和庭院设计，他们着眼于更广阔的领域。只可惜这时英国的现状还不足以让设计师们将所思所想付诸实践。直到第二次世界大战之后，随着社会与经济的改变，园林设计师们才终于有机会进行更大尺度的设计。

此外，风景园林学会还出版了名为"风景与园林（Landscape and Garden）"的杂志，除了介绍庭院设计和庭院植物，更难得的是，杂志还介绍了很多国内外优秀的景观设计。

建筑师对现代主义园林的探索

19世纪末期，英国引领着整个欧洲的建筑和装饰潮流。然而到了20世纪初期，英国又回归到了以往保守的状态[1]。有人评说1910~1930年这段时间的英

① John B. Nellist. British architecture and its background [M]. London：Scribner 1936：320-330。

国建筑设计风格为"摄政复兴"（regency revival），也有人称之为"花花公子时代"或者"祖先崇拜阶段"。例如路特恩斯（Lutyens）在新德里设计的建筑就容易令人联想到英国帝国主义兴旺的晚期[①]。此时，在法国、德国、荷兰和俄国等国家发展得如火如荼的现代主义运动，对英国的建筑界产生的影响确是微乎其微的。不过到了 20 世纪 30 年代中期，情况却发生了逆转，受国外移民建筑师的影响，英国一跃成为欧洲最活跃的现代建筑运动实验中心，现代主义建筑如同雨后春笋般出现。

可是在此时的英国，并没有多少园林设计师有能力处理好现代主义建筑与外环境的关系。甚至多数园林设计师都没有意识到这项新的运动会给园林界带来多大的影响。在英国建筑界享有很高声誉的建筑师、园林设计师雷金纳德·布劳姆菲尔德在 1934 年出了一本完全否定现代主义运动的书。而罗素·佩吉和其他的一些设计师则将重心放在推崇抽象空间在古典园林中的应用，他们无视了现代主义在园林中的发展潜力，也疲于探索现代化材料的应用。

园林设计师对现代主义的不认可间接地导致了现代主义建筑师与其之间的矛盾，因而现代主义建筑师也就无法雇佣这些人来为自己的建筑做园林设计[②]。这个时期有很多具有现代主义风格的园林作品都是出自建筑师之手。例如奥利弗·希尔的召德文（Joldwynds，1925 年）、埃米亚斯·康奈尔（Amyas Connell，1901~1980 年）的高鼎（High and Over，1931 年）、帕特里克·格温（Patrick Gwynne，1913~2003 年）的霍姆伍德（The Homewood，1938 年）以及虽然不是完全意义上的景观作品但却在设计语言上给予园林设计灵感的伦敦动物园企鹅馆。

Joldwvnds 入口透视图

---

① 威廉. 20 世纪建筑史 [M]. 北京：中国建筑工业出版社 .329-445，529-545。
② Janet Waymark. Modern Garden Design [M]. London：Thames & Hudson.22-37，72-103，171-201。

奥利弗·希尔曾经参加过第一次世界大战，并为了生计开始从事建筑行业，他多变的设计手法被认为是战后焦虑所导致。20 世纪 20 年代，希尔的作品还主要以工艺美术运动风格为主，后在 1930 年受到建筑师阿斯帕隆（Gunnar Asplund）设计的斯德哥尔摩展览会馆的影响，开始向现代主义设计风格靠拢。他的设计开始向现代主义转变是从马里兰（Marylands，Hurtwood，Surrey）中的一个水池开始。此后，平屋顶、光洁的白墙面、简单的檐部处理、曲线化的造型越来越多地出现在他的设计中。这使得与他合作的景观设计师或多或少地受到了影响。厄休拉·巴肯（Ursula Buchan）在《英国园林》中称奥利弗·希尔是英国现代主义设计大师之一。

Joldwynds 中被白色结构框出的画面

希尔的召德汶（Joldwynds）给英国的现代主义建筑和园林开辟了先例。场地前身是菲利普·韦伯（Philip Webb）设计的一个工艺美术风格园林，但是已经遭到了毁坏。希尔将设计放置在场地的一个斜坡之上，这样便于充分利用坡上的树木作为房屋的背景。房屋整体是纯净的白色，南侧有大块的玻璃窗，卧室外延伸出平台，平屋顶可以用于休憩。透过庭院西侧的凉亭可以看到白色的步道、水池旁的混凝土座椅以及种植在花钵中的深色柱状常绿树，这些景致都被长方形的结构框景成一幅幅画面。希尔首先尝试捕捉现代主义园林应该具有的特点——几何形态以及框景的手法。从很多方面上来讲，处于不稳定状态下的园林行业是在奥利弗·希尔的带领下变得典型化的。正是他将杰基尔、工艺美术运动与现代主义运动联系到了一起。

奥利弗·希尔还与唐纳德合作了希尔住宅（Hill House）。项目位于汉普斯特德的一座小山丘上，奥利弗·希尔在这里设计了一个具有密斯凡德罗风格的红建筑。并设计了门廊、阳台、房子周围的步道、彼此连接的台阶和挡土墙。当坐在屋外时，周围的景色可以尽收眼底。

埃米亚斯·康奈尔是一位在 20 世纪中期极具影响力的建筑师。设计受勒柯布西耶（Le Corbusier）的影响。二战之前，康奈尔曾与巴兹尔·沃德（Basil Ward，1902~1976 年）和柯林·卢卡斯（Colin Lucas，1906~1984 年）一同合

奥利弗·希尔与唐纳
德合作的希尔住宅(Hill
House)

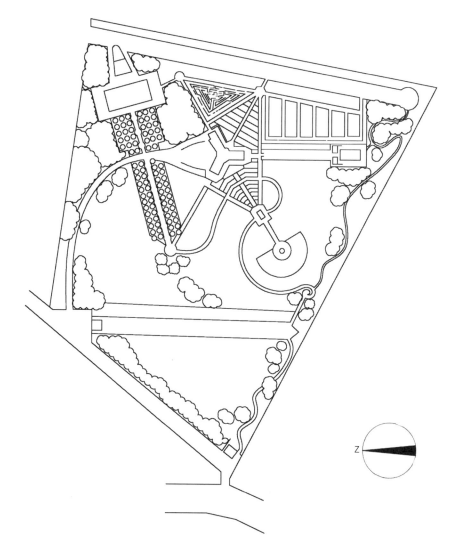

High and Over 平面图

左上，High and Over 建筑西南侧道路尽头的水池，因后期整修以及周围新项目的落成，西南侧的台地已经不复存在；右上，High and Over 建筑北侧入口；左下，建筑西南侧台地模型；右下，High and Over 建筑东南侧的台地以及玫瑰花床

High and Over 中的建筑与园林

作，战后他们正式创办公司，其设计理念对现代主义建筑风格在英国的发展起到了很大的推动作用[25]。康奈尔在阿默舍姆镇所做的 High and Over 是英国现存的比较经典的现代主义建筑和园林。设计坐落于阿默舍姆山丘上，整个建筑设计如同一只大鸟栖息在山顶。建筑主要由钢筋混凝土建成，外形为"Y"字形，这样可以便于阳光照射进来，同时可以欣赏到周围的景色。虽然在现在看来，我们很难理解为何这是一个创举，可在当时，这个设计是十分大胆的。

由于被放置在山坡之上，其三面均为坡地，建筑的东南和西南两边都设置成了台地形式。其东南为自入口处层层迭起的切角三角形，中间为步道，两侧则对称种植有玫瑰花丛。其造型有着立体主义特点。西南侧的形态与其相似，只是中间有着更明显的阶梯道路自建筑顺坡向下延伸，道路尽头是一个圆形水池。建筑西侧是主入口，设置有两个半圆的弧线，中间放置着一个纯净的白色混凝土花池。建筑周围有车场、活动区和种植区，对功能性有所体现。整个设计中包含有四个对称轴，分别是建筑三面的三个对称轴，以及北侧南北方向的轴线，这种设计手法有着古典园林风格，而整个设计可以说是古典与现代的融合。

虽然这个设计不是完全意义上的现代主义园林，但是康奈尔在这个设计中对现代主义的探索，以及设计本身的改革与创新却是有目共睹的。在这之后的 20 世纪中，High and Over 可以和任何一个有着路特恩斯的建筑和杰基尔的花园的设计相媲美，同时这个设计也给了当时很多年轻设计师很大的启发，例如现代主义建筑中粗野主义的代表人物史密森夫妇等 [1]。

High and Over 鸟瞰

英国现代主义建筑师帕特里克·格温早年也曾受到康奈尔的 High and Over 的影响，这是他所接触到的第一个现代主义设计，对他有着很深的触动。他的作品中最出名的当属霍姆伍德（The Homewood，1938 年）。这个作品受到了勒柯布西耶的萨伏伊别墅和密斯凡德罗的图根哈特住宅影响。格温用大块的落地窗将室外的景色引入到室内，加强了室内外的联系。底部架空将外部的空间引入到了建筑内部，以模糊室内外空间的界限。

帕特里克·格温设计的 The Homewood

建筑周围的庭院设计也出自格温之手，是当时英国少有的具有现代主义特征的庭院之一。其对现代主义的运用主要表现在庭院中的水池和台地。水池的造型带有着表现派风格的痕迹，水池旁有着从建筑上延伸下来的室外楼梯。平台上的铺装以网格的形式呈现，其中零星点缀有块状的种植区域。除此之外的庭院部分仍以自然式种植为主。

这个时期，对现代主义进行了有益探索建筑师的还有伯托尔德·路贝特金（Berthold Lunetkin，1901~1990 年）和特克顿组，他们所做的伦敦动物园企鹅馆

① 潘翠婷. 从经济学人大厦解读影响史密森夫妇建筑创作的几个因素 [J]. 建筑与环境，2011，(1)：152-154。

The Homewood 中的建筑与园林

左上，The Homewood 中的铺装和种植；右上，The Homewood 中的露台和台阶；左下，The Homewood 中的建筑；右下，The Homewood 中的建筑和雕塑

庭院设计有着表现派的痕迹，种植受到了日本园林的影响

The Homewood 中的水池

虽然不是园林作品，但其作为一种全新的设计语言，对英国设计领域产生了巨大的影响。路贝特金是英国 20 世纪初期英国最杰出的建筑师，受到勒柯布西耶新建筑五点的影响。路贝特金 1901 年出生于俄国，1931 年移民到了英国，并与 6 名英国青年组成了特克顿组。特克顿组的成员大多是设计师、科学家或者作家，并对于建筑设计有着很多想法，他们相互交流经验和技术，对促进现代主义运动在英国的发展有着很重要的作用。企鹅馆是他们早期的设计之一，其简洁的设计语言、新颖的设计理念以及技术上的革新在当时的英国产生了很大的轰动。

伦敦动物园企鹅馆

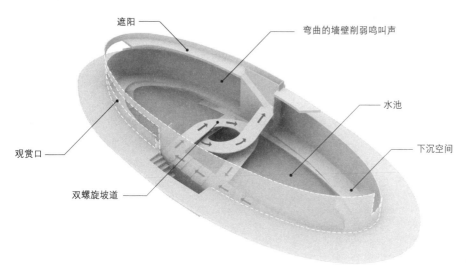

伦敦动物园企鹅馆模型

　　伦敦动物园企鹅馆是一个椭圆形的浅水池塘，中间设计有交错的双螺旋坡道，形成一种轻盈又充满动态的空间效果。这种设计还可以从多角度展示企鹅优雅的姿态。白色混凝土外墙起到遮阳的作用，与蓝色的水池形成了一种鲜明的对比，并作为背景映衬企鹅的各种活动，同时弯曲的墙壁还能够起到削弱叫声的问题。此外，企鹅馆还探索了新材料运用的可行性，采用了钢筋混凝土作为材料，这样设计师就不必受到传统工艺的束缚，可以自由地将想法付诸实践。伦敦动物园企鹅馆对日后很多设计产生了影响。例如巴艾萨（Campo Baeza）在设计安达卢西亚历史博物馆（Andalucia's Museum of Memory）的中庭景观时就运用了和企鹅馆相相似的螺旋结构。

建筑及艺术教育的影响

  思想的传播很大程度上依赖于教育，例如对现代主义思想传播起到极大作用的包豪斯（Bauhaus）[①]，还有培养出大量现代主义景观设计先锋的哈佛。在英国，有两个非常重要的角色为现代主义在英国的传播做出了贡献——达丁顿会堂艺术学院（Dartington Hall）和伦敦建筑联盟学院（Architectural Association School of Architecture）。

  达丁顿会堂艺术学院最早由伦纳德·艾姆赫斯特（Leonard Elmhirst, 1893~1974年）和桃乐斯·艾姆赫斯特（Dorothy Elmhirst, 1887~1968年）创办。两人最初目的在于复兴受战争影响的农业和手工业，在这个过程中，教育成为一种很好的方法。这样，一个有着进步思想的学校就落成了。艾姆赫斯特夫妇积极与欧洲其他国家以及美国杰出的艺术家、音乐家、建筑师和手工艺者保持联系。因此，在这里就读的学生能够接触到当下最前沿的文化理念。艾姆赫斯特夫妇非常赞同包豪斯的教学理念，当包豪斯在1933年被迫关闭的时候，很多在包豪斯就读的学生都被欢迎来到了这里就读。沃尔特·格罗皮乌斯（Walter Gropius）曾被邀请来达丁顿会堂艺术学院授课，虽然没有被接受，但格罗皮乌斯也在1934~1935年来访了几次，并为伦纳德·艾姆赫斯特留下了一张很具有现代主义设计特点的设计图——一个能够容纳604人的圆形剧场。

  校园中的建筑也具有现代主义特点，办公室和宿舍楼都是长方形底层架空的建筑。其中比较具有典型特征的是威廉姆·埃德蒙·理察兹（William Edmond Lescaze, 1896~1969年）为当时的校长设计的住所高·克罗斯住宅（High Cross House）。理察兹是一位瑞典籍美国建筑师，受勒柯布西耶和包豪斯思想的影响。

沃尔特·格罗皮乌斯
在达丁顿设计的圆形
剧场

威廉姆·理察兹设计的
High Cross House

建筑一共两层，屋顶有一个活动区，二层配有阳台。建筑有着纯净的外墙，自由的平面和立面，大的条形开窗让自然的景色得以进入室内。校园中的这些建筑作为现代主义设计的探索，对现代主义在英国的传播起到了一定的帮助。

伦敦建筑联盟学院也对现在主义思想在英国的传播起到至关重要的作用，它正式成立于 1890 年，是英国最古老的私立学校，如今也是全球最具声望院校之一。其内容广泛的展览、讲座、研讨会和出版物确保其处于推动现代建筑发展的世界核心地位。在当时的英国，一个人如果想要学习设计，通常会去给当时已有所建树的设计师当学徒（例如帕特里克·格温就曾作为路特恩斯前助手的学徒学习建筑设计），这种做法完全不能够保证教学质量，更不用说包含有多少职业标准。出于对这种传统学习方式的反对，伦敦建筑联盟学院最终成立了。

在这里就读的学生学习现代主义建筑的设计，同时也被灌输思想要将建筑配套的外围环境设计得具有现代主义风格。从这里走出的优秀设计师有弗雷德里克·吉伯德（Frederick Gibberd）、彼得·谢菲尔德（Peter Shepheard）、休·高森（Hugh Casson）和杰弗里·杰里科。这几位设计师在日后都成为风景园林学会的一员并对英国园林产生了很大的影响。弗雷德里克·吉伯德在英国新市镇建设中做出了很大的贡献，其私人花园也在英国享有很高的声誉。彼得·谢菲尔德和休·卡森的设计在 1951 年英国节中大放异彩。杰弗里·杰里科则被誉为英国 20 世纪最杰出的园林设计师，此外他还在二战期间担任了风景园林学会的主席，也多亏了他在战争期间的努力，才保证了学会的正常运转。

先师经典与领域拓展——
现代园林的全面发展

英国现代主义园林设计先锋——克里斯托弗·唐纳德

　　20 世纪初，英国园林设计曾一度陷入了迷茫之中。而此时出现的现代主义思想，原本可以将英国园林从迷茫中解救出来，然而这个时期英国园林对现代主义的接受度很低。而这个时期的英国现代主义园林很多都只是空想，其中真正能够实施的设计仅在少数。直到 1953 年，当彼得·谢菲尔德想要写一本关于现代主义园林的书时，都仍不得不从国外的现代主义园林中寻找素材。尽管如此，现代主义对英国园林造成的影响仍是不可否认的。

　　托马斯·莫森是英国 19 世纪末、20 世纪初非常著名的景观设计师之一，他早期的设计主要是对 16 世纪和 17 世纪英国园林进行"改写"，并且将当时的一些流行元素融入古典园林中去，他能够出色地将新旧设计方式联系到一起。此外他还是英国最先在景观设计中使用混凝土、金属和柏油路的景观设计师之一。另外，在美国和欧洲进行的景观设计让莫森认可了园林的新定义——一个放在户外的房间。他认为园林设计应当具备活动和娱乐的空间以适应当代人健康的生活方式。尽管对于现代主义思想和材料有所接受，但莫森并没有形式上具有典型现代主义特点的园林设计。

　　在整个 20 世纪 30 年代的园林景观中，唯一真正的具有实质性特点的当属克里斯托弗·唐纳德（Christopher Tunnard）的作品。唐纳德是英国最早提倡现代主义设计的园林设计师之一，他一直鼓励英国园林设计要与现在艺术结合在一起。

Jean Caneel-Claes 设计的简约风格的花园

　　唐纳德早年在加拿大接受教育，后来前往英国深造。在 1932~1935 年这段时间里，他一直为佩尔西·凯恩工作。佩尔西·凯恩是英国当时很有名的园林设计师，主要从事于小型私家花园的设计。在为佩尔西·凯恩工作的这段时间，唐纳德的设计手法主要为工艺美术运动风格。因为与欧洲大陆各个国家联系紧密，唐纳德可以比国内的任何一个人都更早地知道英国设计的走向。他看到了"理性建筑（rational architecture）"对瑞典园林的影响—— 使瑞典园林走出了对称布局，并变得更加自由和灵活；他喜欢勒柯布西耶所说的"风格都是无稽之谈"，也喜欢高傲地引用阿道夫·路斯（Adolf Loos）的那句"人不应当追求极度奢华的装饰而应当从形式中挖掘美"；他与比利时建筑师吉恩·卡内尔克拉斯（Jean Caneel-Claes）是旧识，后者设计了一系列的简约风格的花园。在 1937 年，他们两个共同发表宣言："我们相信，设计师依仗自身的才学和经验，

彼得·贝伦斯在英国
设计的一个建筑

通过试验和创造就能产生新的形式，而不是依赖于风格的象征性或是陈旧的审美体系。"在多方的影响下，唐纳德的设计风格在短短的四五年里就脱离了工艺美术运动风格，并开始了对现代主义设计的探索[1]。

　　由于受到现代主义运动影响，现代主义建筑逐渐走入英国人的生活，但是很少有园林设计师能够将园林设计与现代主义建筑以及现代主义生活结合起来。唐纳德就曾经抨击了彼得·贝伦斯（Peter Behrens）在英国的一个设计，这个白色的现代主义建筑却坐落在了一个具有工艺美术风格的假山石上，这让整个设计显得十分不舒服和敷衍了事。贝伦斯所设计的这个建筑几乎是英国第一个现代主义建筑。当唐纳德将这个房子和花园的照片展示出来的时候，人们普遍认为这种杰基尔式的花园是一流的，他们将这种不协调归咎于这令人生厌的现代主义建筑。对于园林设计师的不作为以及大众对于现代主义的不认可，

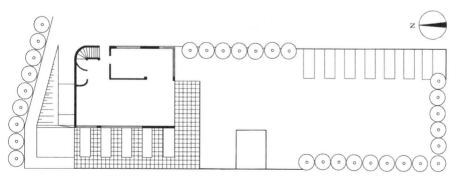

Jean Caneel-Claes 设
计的简约风格的花园

① David Jacques, Jan Woudstra. Landscape Modernism Renounced [M]. London：Routledge，2009：122-165。

唐纳德感到十分的失望。他曾表示，在如今的园林设计书中，设计师总是在强调透景线、轴线、椭圆形的草坪。这些是充满传统规则式园林特点的"二手设计"（second-hand designs）。同时，如今的英国园林，总是过度留恋过往的历史，而且园艺种植的痕迹太重了。

1938 年唐纳德出版的《现代景观中的园林》（*Gardens in the Modern Landscape*）弥补了理论上研究现代景观设计的空白。书中，唐纳德提出了现代主义景观设计所应当具备的三个特点：功能的（functional）、移情的（empathic）、艺术的（artistic）。其中功能性是指园林需要满足人们休息和娱乐的需求。他认为，园林设计师的工作就是要在经济下滑和生活方式变化的背景下提供这些功能，在人的需求与自然之间寻找和谐，设计具有实际功能的空间。移情是强调园林与场地需要形成一种共鸣，一种超自然的平衡（occult balance），园林应当成为大环境中的一部分，而不是与其隔绝开来。最后他强调设计师还要将艺术融入进园林，例如抽象雕塑的使用。一直以来这本书在园林界都占据着很特别的地位。

在书中，唐纳德还提出了建筑式的植物（"architectrual" plants）。这类植物即便在恶劣的环境下也能够很好的发挥自己的特色。它们有着特别的叶形、色彩、纹理以及具有观赏性的果实，比单纯的观赏花卉更有趣。同时这些植物也具备一定的抗性，不论阴湿还是燥热都能够很好地应付。此外，它们的观赏性也不只是短暂的，人们四季都能享受到它们带来的趣味。例如欧洲卫矛、富贵草、八角金盘以及一些小檗属、枸子属、荚蒾属的植物。

建筑式的植物，智利南美杉

唐纳德在《现代景观》*Modern Landscape* 中在介绍建筑式的植物时举了"智利南美杉"作例子，这种植物在独栽或同种类群植时都表现出很好的观赏效果

　　唐纳德几乎在自己的每一个设计中都会使用这类植物，例如在本特利树林中，唐纳德从房子外围开始直到林地的角落种植了一系列"五花八门"的植物，例如杜鹃、针叶树、紫丁香、枸子、玉兰、黄栌、榛树、山毛榉、小檗等等。在高尔拜（Gaulby）里他也挑选了大量的观赏植物来起到加深透视效果的作用，其中包含一系列异色叶或者斑叶树种，例如：大果柏（*Cupressus macrocarpa* 'Lutea'）、挪威枫（*Acer platanoides* 'Schwedleri'）、欧洲小檗（*Berberis vulgaris* 'Atropurpurea'）、接骨木（*Sambucus nigra* 'Aurea'）和卵叶女贞（*Ligrustum ovalifolium* 'Aureum'）。这些植物的前方还种植了一系列常见的多年生花卉，以获得一种层次感。

　　这种建筑式的植物得到了很多设计师的认可。风景园林学会（Institute of Landscape Architecture）在撰写基础植物列表时也参考了唐纳德的这些植物，它们也是年轻的园林设计师们的不二选择，在今后的几年，这些植物几乎是无处不见。二战之后，在英国节（The Festival of Britain）上，这些植物又大放异彩，它们被用来获得一种引人注目的效果。在彼得·谢菲尔德的莫特花园（Moat Garden）和弗兰克·克拉克（Frank Clark）与玛利亚·谢帕德（Maria Shephard）的 Regatta Restaurant garden 中都有用到这类植物。

《现代景观》中的一张植物组合图，图中种植有葱（*Alliums*），玉簪（*Hosta fortune*）和多毛马梯里亚罂粟（*Romneya trichocalyx*）。白色叶且开白花的植物是很优秀的观赏植物，其色彩对周围的白色混凝土起到补充的作用

　　此外，唐纳德还鼓励设计师们为自己所设计的园林建模，因为这样能够更清晰明了地看到不同空间之间的联系。在 1938 年的一档 BBC 的栏目中，唐纳德就做出了演示。节目中，唐纳德展示了一个郊外花园的模型。花园中种植有果树，果树下是一些球茎植物，房子旁边还配有一个简单的花园。通过这个模型，唐纳德向人们展示了如何为一个园林设置出各种功能，以及空间与空间之间是如何联系的。这种做法让设计变得更加的简明易懂，很多年轻的设计师都受到了唐纳德的影响，他们效仿唐纳德的做法，将二维的设计以模型的形式

建筑式的植物组合
（左）

唐纳德在 BBC 电视转播中向观众展示一个庭院的模型（右）

展示出来。

　　然而，当唐纳德和其他一些极具潜力的设计师准备在英国大展拳脚时，英国被卷入第二次世界大战，唐纳德也离开了英国，前往美国任教。在唐纳德离开之后，英国的现代主义园林或多或少走到了尽头。尽管如此，唐纳德还是为现代主义园林留下了两个具有代表性的实例——圣安山（St Ann's Hill）和本特利树林（Bentley Wood）。

　　圣安山是唐纳德与雷蒙德·麦格拉斯（Raymond McGrath）的共同作品。麦格拉斯主要负责其中的建筑设计。在这个现代主义建筑中，麦格拉斯运用了大量的弧线。他将自己的设计比作"一块被切下的奶酪"——这样阳光就能够照亮整间屋子。三层的圆形建筑在南边仿佛被切割了一块，形成一种台地式的造型，这样就能够确保每层都有一个阳台。建筑的圆形造型主要是为了保证周围景色不被遗漏，同时也保证了充足的光照。此外这样的安排，使得人们从西北面进入庭院到达入口时，会感觉仿佛整个建筑都是一个完整的圆形，只有当通过大厅进入卧室的时候视线才能全部打开。卧室前面被切割开的部分，使得视线能够被墙壁断面引导。这样当有人站在室外平台上时，室内的私密性依然能够保证，或者至少能够有所遮蔽。

　　至于园林部分——1 个 10 公顷的破败的庭院对于当时任何一个景观设计师都是极具难度的。不过，对于唐纳德这样一个有雄心壮志的设计师来说，这是一个再好不过的挑战。

圣安山模型

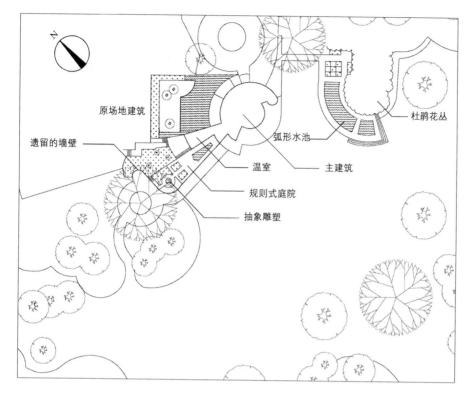

圣安山平面图

　　场地前身是 18 世纪末期政治家查尔斯·詹姆斯·福克斯（Charles James Fox）的别墅，那个时期的部分建筑也被保留了下来，场地具有一种历史气息。而对于麦格拉斯所做的现代主义建筑，唐纳德认为没有任何一种传统的造园形式能够与其现代主义设计风格相适应的。因而在这个设计中，唐纳德要考虑的不只是如何将园林与现代主义建筑结合在一起，还需要考虑如何确保所设计的园林能被这个具有历史感的场地接纳。

　　唐纳德对现有场地进行了一定的改进：不必要的道路被移除了，整个场地都被进行了简化；庭院与建筑以不对称的形式组合在了一起，对于场地原有的遗留特色——平台、水池以及台阶，唐纳德都有所保留，并将其进行适当的调整来与场地中的现代主义建筑相协调。有了庭院的衔接，这个现代主义建筑也能够很好成为场地中的一部分而不显突兀。建筑、庭院与周围的大环境相互协调并产生共鸣，这就是唐纳德一直强调的"移情"。

　　房子的周围环绕着大量现代主义园林元素，这些元素将这个现代建筑与场地联系起来。场地西侧的花园呈对称的形式，中间有一个圆形的水池，花园由墙壁遮挡住，提供了一定私密性，弧形的墙壁部分是从 18 世纪遗留下来的，唐纳德将这段墙壁与规则式庭院外围的墙壁巧妙地连接起来，上面巨大的开口起到了框景的作用。唐纳德在这里设置有活动区域、花园和菜园。体现了他一直在强调的功能性。

圣安山鸟瞰图

在场地的东侧和南侧设置有一块小花园，是一个较为隐蔽又有着充足阳光的地方。混凝土花钵、水池、以简单形式栽种的花草都能够从房子里看到，体现了室内外空间的联系。南边的水池呈弧线形，因为这样能够更好地与周围的杜鹃花丛相协调，这个设计手法很好地解释了什么叫作"自然启发设计"（nature inspires design）。另外在这个设计当中，唐纳德在建筑西北侧的水池里放置了一个由威利（Willi Soukop）设计的抽象建筑，也是对他所倡导的"艺术融入园林"很好的表达。

圣安山中的弧形水池
和杜鹃花丛

　　植物方面，现存的植物被保留了下来，比如那棵老的紫藤被留了下来，并与新的建筑重新建立了联系。西侧庭院中种植了新的植物，这些植物大多是唐纳德所推崇的建筑式的植物，唐纳德认为这些植物是"非常实用的植物材料"而不是"单纯出于喜好而挑选的"。这些植物包括灰白色的观叶植物、一棵棕榈树以及一些丝柏木，同时也有一些陆地栽植的花卉以及栽种在混凝土花钵中的花卉。在台地式的阳台上也有着一些类似的混凝土花钵，而室内也有一些室内植物摆放在低矮的桌子或地板上。

左：圣安山建筑西侧庭院；右上：圣安山中麦格拉斯所做建筑；右下：圣安山庭院中的一处框景
圣安山中的景观

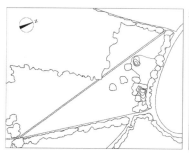
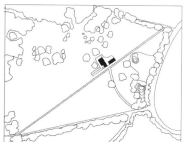
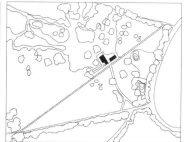

根据建筑位置对庭院做出的逐步调整

　　本特利树林是唐纳德和建筑师塞吉·希玛耶夫（Serge Chermayeff）合作的作品，后者既是设计的委托人也是场地中建筑的设计师。希玛耶夫在 1935 年曾经提出要在这块地上建造一个现代主义建筑，但是遭到了阿克菲尔德区议会的反对，议会认为现代主义建筑风格与现有场地搭配会显得不协调[①]。后经希玛耶夫努力，直到 1937 年，他终于获得了建造许可。这块地段位于高地之上，场地内有着大量高大的栗树和榛树，东边有一个采砂场。为了获得更好的视野，希玛耶夫将建筑置于林地较高的一角，并且将场地中的树木进行了部分清理，只在靠近房屋的场地留有部分树群。唐纳德负责之后的景观设计工作。他选择性地清除了远景中现存的一些树木，并种植了一些"五花八门"的植物来精心营造中景和近景。植物的种植边界也表现出一种精心规划过的不规则状。这样房子西侧的景观就表现出一种层次感和视觉变化。

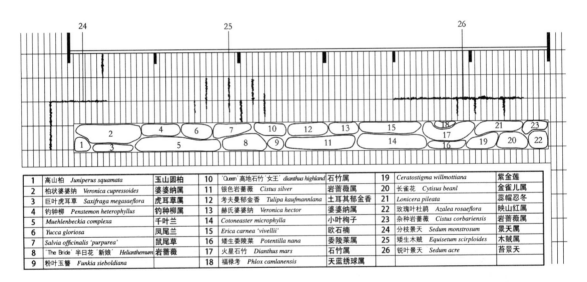

#	中文名 / 拉丁名	属	#	中文名 / 拉丁名	属	#	中文名 / 拉丁名	属
1	高山柏 *Juniperus squamata*	玉山圆柏	10	'Queen' 高地石竹 '女王' *dianthus highland*	石竹属	19	*Ceratostigma willmottiana*	紫金莲
2	柏状婆婆纳 *Veronica cupressoides*	婆婆纳属	11	银色岩蔷薇 *Cistus silver*	岩蔷薇属	20	长萼花 *Cytisus beanl*	金雀儿属
3	巨叶虎耳草 *Saxifraga megasaeflora*	虎耳草属	12	考夫曼郁金香 *Tulipa kaufmannlana*	土耳其郁金香	21	*Lonicera pileata*	蕊帽忍冬
4	钓钟柳 *Penstemon heterophyllus*	钓种柳属	13	赫氏婆婆纳 *Veronica hector*	婆婆纳属	22	玫瑰叶杜鹃 *Azalea rosaeflora*	映山红属
5	*Muehlenbeckia complexa*	千叶兰	14	*Cotoneaster microphylla*	小叶栒	23	杂种岩蔷薇 *Cistus corbariensis*	岩蔷薇属
6	*Yucca gloriosa*	凤尾兰	15	*Erica carnea 'vivelli'*	欧石楠	24	分枝景天 *Sedum monstrosum*	景天属
7	*Salvia officinalis 'purpurea'*	鼠尾草	16	矮生委陵菜 *Potentilla nana*	委陵菜属	25	矮生木贼 *Equisetum scirploides*	木贼属
8	'The Bride' 半日花 '新娘' *Helianthemum*	岩蔷薇	17	火星石竹 *Dianthus mars*	石竹属	26	锐叶景天 *Sedum acre*	苔景天
9	粉叶玉簪 *Funkia sieboldiana*		18	福禄考 *Phlox camlanensis*	天蓝绣球属			

本特利树林建筑前花园种植详图

　　房屋周围有一定的地形，为了与周围环境相结合，唐纳德使用了梯状式挡土墙，带有包豪斯风格。为了加强与周围场地的共鸣，体现移情的原则，唐纳德在房子周围引入了大量的植物。屋外台地上留有格子装的种植区域，种植有攀缘植物来加强房屋与外部景观的联系。他在房屋东侧围墙旁种植了一些不耐寒的植物，同时搭配了能够阻风的灌木状花卉。这些植物包括山茶属（*Camellia*）、智利藤（*Berberidopsis corallina*）、墨西哥橘属（*Choisya*）、小叶阿查拉（*Azara microphylla*）和费约果属（*Feijoa*）植物，能够给花园带来四季的美景。此外，这里还有水仙池、芳香花卉种植池等。房屋南侧距离起居室不远处种植有大量低矮的植物，同样是一年四季都有景可观。房屋不远处还配置有果园和家庭菜园，种植蔬菜和香草。东侧采砂场内设置了亭子和乒乓球场，体现了唐纳德强调的功能性。

---

① Charles Boot. Bentley Wood, (also known as The House at Halland), Framfield。

左上：从林地看向本特利树林中的建筑；右上：本特利树林中的露台，种植考虑四季景观；左下：露台上的
雕塑作品，体现了唐纳德所强调的艺术性；右下：本特利树林中的室内外空间联系   本特利树林景观

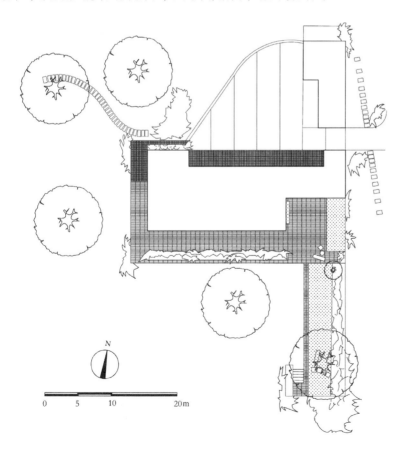

本特利树林平面图

唐纳德在英国的作品除了圣安山和本特利树林以外，比较经典的还有科巴姆度假屋（Weekend House at Cobham）、泰晤士河上的沃尔顿（Walton-on-Thanmes）、高卢谢泼德（Gaul Shephardby）、希尔住宅（Hill House）等。

从"园林设计师"到"风景园林设计师"的转变

由于二战的原因，英国很多园林设计师无法继续进行园林方面的探索。他们当中的一部分人被送往国外，在军队中服役。例如希尔维亚·克劳（Sylvia Crowe）被送往法国为军队开救护车；罗素·佩吉在英国政治作战部服役，先后前往了法国、美国、埃及和斯里兰卡。这不仅意味着他们看到和感受到了别样的景观和文化，同时他们还得以用一种全新的方式来看世界——从空中，从海上，从陆地。还有一部分人则背井离乡，去了其他的国家发展。只有很少一部分人还留在英国。战争年间职业领域的活动很少，留下的人也大多只是从事一些与战争相关的工作。战争的到来造成英国园林发展的中断，但却给新职业的发展带来了契机。

二战结束之后，英国的园林设计师们又重新回归到岗位上。战争给英国园林史留下了一大块空白。在此时，英国很多优秀的设计师都迫于战争原因离开了英国。例如，作为现代主义园林设计先锋的唐纳德此时早已身在美国，并将精力放在培养那些就读于哈佛的年轻一代景观设计师身上。而此时的英国园林现状也十分复杂，其设计内容与战前有了很大的不同，不再有那么多的人雇佣设计师来设计私家庭院，设计师们的工作重心逐渐转移到了半公共和公共景观上，例如居住区、新城镇、水库、工厂和发电站。对于多数园林设计师来说，庭院设计已经成为一种副业或者个人爱好。希尔维亚·克劳曾想在1958年出版名为"园林设计（Garden Design）"的书，这个题目却遭到了工作室中多数人的反对，因为此时的英国园林设计师们几乎没有机会接触到庭院设计。珍妮特·韦马克（Janet Waymark）在《现代园林设计》（*Modern Garden Design*）中写道："由于缺乏私人庭院设计，园林设计师（garden designer）转变为了风景园林设计师（landscape designer）。"彼得·谢菲尔德也认为园林设计师的工作早已不仅是设计庭院。他们的工作应当是将场地现有条件例如树木和溪流与开放空间、房屋、公园、游乐场地整合到一起。此时的设计工作也不是紧靠一己之力就能够完成，往往需要城市规划师、建筑师和园林设计师合作来完成。英国的园林设计师们需要重新思考自己的职能。

英国园林设计师所面临的挑战还有如何将园林中的空间组织、植物种植、色彩与图案的搭配转换到半公共空间和公共空间中去。此外，由于战后经济的影响，以往庭院中奢靡的植物应用显然已经变得不适合，此时的设计更多的是要保证一种持久性和经济性。带着这样的思考，20世纪后期的英国园林设计在摸索中前行。

（一）英国新市镇

二战之后，英国百废待兴，大量退役兵归乡导致住房紧缺，住宅建设和城市扩展成为首要的事情。1946 年，英国议会通过了《新市镇法案》（*New Towns Act*），从此掀起了建设新市镇的运动。新市镇（new town）的第一个阶段受到霍华德（Ebenezer Howard）花园城市运动的影响。由阿伯克隆比（Patrick Abercrombie）主持大伦敦规划，通过在外围建设卫星城镇的方式，计划将伦敦中心区人口减少 60%[①]。第一批建设于 1946~1950 年，包括斯特文内奇（Stevenage）、哈罗（Harlow）在内的 10 个城市。第二批建设于 1961~1964 年，此时的英国出于经济高度发展的时期，人们的生活水平得到了提高，刺激了许多新的开发形式。此时开发的城市有包括斯科梅达（Skelmersdale）、朗科恩（Runcorn）在内的 5 个。最后一批建设于 1967~1970 年，逐渐向功能配套完善化发展，在建设中充分考虑了汽车的出现和使用。

很多卫星城市的建设都有景观设计师的参与。例如希尔维亚·克劳（Sylvia Crowe）与弗雷德里克·吉伯德参与设计的哈罗新城（Harlow）、杰弗里·杰里科的赫默尔亨普斯特德新城（Hemel Hempstead）、弗兰克·克拉克（Frank Clark，1902~1971 年）的斯特文内奇新城（Stevenage）以及彼得·扬曼（Peter Youngman，1911~2005 年）的坎伯诺尔德新城（Cumbernauld）、彼得伯勒新城（Peterborough）和米尔顿凯恩斯新城（Milton Keynes）。这些在二战后产生的新一代的景观设计师，在景观的尺度以及其他重要问题上都看得更远，对城镇和郊区规划产生了重要影响。

哈罗新城是 1947 年规划设计的，1949 年开始建造，距离伦敦 37km，规划

哈罗新城平面图（左）

哈罗中的水景园和市政大楼（右）

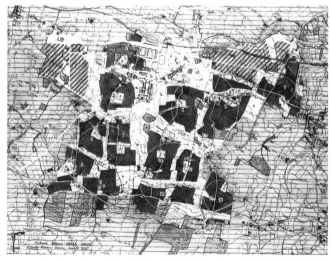

① 吴志强，李德华. 城市规划原理[M]. 北京：中国建筑工业出版社，2010：29-31。

本·尼克尔森1947年
创作的 Mousehole

人口 7.8 万人，用地约 2590hm²，由伦敦迁出一部分工业和人口来此。生活居住区由多个邻里单位组成，每个邻里单位有小学及商业中心。几个邻里单位组成一个区。城市主要道路在区与区之间的绿地穿过，联系着市中心、车站和工业区。希尔维亚·克劳作为景观顾问与弗雷德里克·吉伯德参与到了哈罗新城的设计中去。哈罗的总平面图由吉伯德绘制，他认为"设计时要尽量保留和改善场地原有的自然特色，并以此作为场地的特征"。旧的碎石采掘场被改造成了娱乐场地，场地挖掘料则被堆积起来种植树木，并将工厂和居住区隔绝开来。

吉伯德还将奈茨维尔·克劳斯（Netteswell Cross）的溪谷改造成了一个城市公园，而克劳则为场地挑选了许多本土树种，她还倡导将各个公园联系起来，形成一整套的公园体系——这种理念时至今日仍备受推崇。哈罗新城被认为是英国战后最成功的新城镇，同时被视为现代建筑和城市规划的范本。

吉伯德喜欢搜集现代主义绘画作品，在哈罗的规划中，他就受到了现代主义绘画的影响。杰里科认为吉伯德为哈罗设计的总平面带有着立体主义的思考，受到了本·尼克尔森（Ben Nicholson）1947 年创作的茅斯迨尔（Mousehole）的影响。除了平面规划以外，哈罗的城市内部也具有很强的现代主义艺术气息。这里的市中心布置有很多现代主义雕塑。吉伯德在临近市政厅的地方设计了一个规则式水景园，带有水渠的台地倒映出周围高大的建筑物，周围摆放着伊莉莎白·弗林克（Elisabeth Frink）的雕塑作品。

（二）英国节

1951 年夏天的英国节（The Festival of Britain）将园林设计师再次引入公众的视野。英国节是一个由国家举办的展览，主要目的是为了弥补战争对英国人民造成的创伤。主题是"英国在艺术、科学、技术和工业设计上对人类文明的过去、现在和未来的贡献"，包括了建筑、工业、科学、旅游和另外两个娱乐性主题等六大部分，旨在推动英国的科技、科学、工业设计、建筑和艺术的发展。

园林设计师们的工作主要集中于伦敦南岸（South Bank），这里有着大量以"土地和居民"为主题的展厅，目的是让饱受战火创伤的民众重新探索英国独特的地貌、国民身份、工业成就和科学精神。园林设计师们被安排来负责建筑之间的景观设计，这给了急于展示新想法的景观设计师们一个绝佳的机会①。一改战前对现代主义思想的摒弃，园林设计师与建筑师在休·高森的带

---

① Harriet Atkinson. The Festival of Britain [M]. London：I.B.Tauris，2012：77-97。

英国节伦敦南岸展区全景

左上：英国节标志性建筑云霄塔；右上：英国节标志建筑穹顶探索馆和云霄塔；右下：英国节上的水景园

英国节标志性建筑

家和庭院展厅外的庭院设计，长方形的种植区域与墙面上的图案相呼应

领下以团队的形式在一起工作。弗兰克·克拉克作为主要的景观设计顾问，玛利亚·谢帕德（Maria Shephard，1903~1974年）、彼得·谢菲尔德、彼得·扬曼和吉姆·吉百利布朗（Jim Cadbury-Brown，1913~2009年）则从旁协助。

各个建筑之间的台阶和布道引导人们上下穿行，一路上到处都是变换的景色——各式各样的喷泉、戏水的鸭子、纷飞的氢气球以及惹人注目的英国节标志性建筑——云霄塔（Skylon）和穹顶探索馆（Dome of Discovery）。云霄塔是伊达尔戈·莫亚（Hidalgo Moya，1920~1994年）、菲利普·鲍威尔（Philip Powell，1921~2003年）和菲里克斯·萨穆埃利（Felix Samuely，1902~1959年）为英国节专门设计的极具未来派特征的建筑，外形呈雪茄状，总高达61m。穹顶探索馆是展会的临时性建筑，由建筑师拉尔夫·特伯斯（Ralph Tubbs）设计建造，直径111m，高28m，是当时世界上最大的穹顶建筑。

左：自然风光展区（Natural Scene）的种植池；右：岩石园

英国节庭院设计草图

为了体现"土地"的主题，这里的展厅建筑使用了来自英国各地的地质材料，包含了混凝土、砖块以及一些新的材料。展厅的主题包括"英国的土地(The Land of Britain)"、"自然风景（The Natural Scene）"、"国家（The Country）"、"本土的矿产（The Minerals of the Island）"等等。除了通过展厅中的展示了解英国这片土地，主办方也希望游览者可以在观赏景物的过程中感受到与这片土地的联系。这个重任就落在了景观设计师们的肩上。当下大众比较喜爱的设计手法包括基于传统学院派风格的十字轴线林荫大道和透景线。但是景观设计师们并不认为这种手法足以引起游览者与场地的共鸣，于是他们刻意背离了这种传统，并重新思考18世纪风景式园林的设计理论，他们希望设计能够回归自然。

人行道以及林荫道两旁和座椅四周都布满了混凝土镶边的方形种植区域以及锥形的混凝土花钵，里面种植有郁金香、矮牵牛以及成片的雏菊，在泛光灯下呈现出令人愉快的效果。景观设计都尽可能地与周围的建筑风格相搭配，同时强调与自然的联系。谢菲尔德说道："这次展览最大的乐趣就是让人们感受到，城市空间可以充满田园般趣味。"除了较为常见的植物，在二战前被唐纳德等设计师推崇的建筑式的植物也被展出。

展会中给人留下深刻印象的设计有彼得·谢菲尔德所设计的莫特花园（Moat Garden）、弗兰克·克拉克和玛利亚·谢帕德的雷杰塔饭店花园（The Regetta Restaurant Garden）以及彼得·英曼设计的一些岩石主题的景观。

当植物不被成组而是单独地种植出来的时候，植物的外形就会得到展示。坚硬的鹅卵石除了能够增加设计的美感，还能够在储水的同时保持植物根部的干爽

英国节中道路旁的种植

彼得·谢菲尔德既是一位建筑师又是一位园林设计师，他因其景观作品而出名。其作品遍布英国，其中比较著名的景观设计作品包括伦敦动物园（London Zoo）、班希尔田野（Bunhill Fields）、贝斯伯勒花园（Bessborough Gardens）、下沉花园（Sunken Garden）。他的作品包含了对于自然环境和建筑

左上：家和庭院展厅（Homes and Gardens）外的草坪；左下：家和庭院展厅外的水池；中上：家和庭院展厅外种植的草本；中下：玛利亚·谢帕德设计的位于家和庭院展厅外的壁挂式花钵；右上：穹顶探索馆前的混凝土种植花钵和欧内斯特雷斯椅子；右下：英国土地展厅外的石墙和岩石装饰

英国节南岸展区景观设计

简洁的边缘线，平缓的水面，谢菲尔德在这里还使用了大量的建筑式
的植物

设计运用了 1930 年代流行的建筑式的植物，与布雷·马克思的
设计风格相似

独角兽咖啡厅外的莫
特花园（左）

弗兰克·克拉克与玛
利亚·谢帕德设计的
雷杰塔饭店花园（右）

外环境彼此间关系的深刻见解。谢菲尔德受现代主义运动影响很深，他的作品
有着简洁和实用的特点，并往往强调一种持久性和实用性，历经岁月但依然会
保持优雅。在他的设计中，道路往往是以直线形式出现，而植物种植则表现出
曲线。谢菲尔德对自然的理解与他童年经历有关。他穿梭于自然之中，领略大
自然所带来的美感，这使得在今后的生活中，谢菲尔德始终对自然抱有热情。
他总是在设计时思考如何利用自然的运转方式让建筑与周围的景观和谐共处。
其在英国节上设计的莫特花园充满着野趣，河流蜿蜒前行，两旁摆放着巨石和
成丛的绿植。在设计中，他使用了很多建筑式的植物，形成了美观且具有实用
性的植物屏障。相比莫特花园，雷杰塔饭店花园更具有现代主义风格，抽象的
种植线条与布雷·马克思的设计手法很相似。

和多数景观设计师一样，彼得·英曼（Peter Youngman，1911~2005 年）
当时还也只是一个初出茅庐的景观设计师。为了配合建筑农业和地质的主题，
他在建筑外设置了干燥的石墙和假山等景观。英曼年轻时住在约克郡谷地，喜
欢在湖泊地区的山地间行走。长期对自然的观察让他对于岩石景观的设计得心
应手。哈丽特·阿特金森（Harriet Atkinson）在英国节中称英曼为"景观设计
师这一新职业中的先驱，运用传统的技艺塑造出恰当的景观。"

这次展会让英国的景观设计师们有机会尝试新的设计手法，在英国节之
前，设计师主要是受到工艺美术运动风格以及杰基尔所推崇园艺方法的影响。
这之后，景观设计尽量避免了对园艺的侧重，而将重心放在将场地与自然和生
态联系到一起。英国节让英国民众意识到，一群极具创意和想法的园林设计师
已经在英国诞生了。1951 年出版的《建筑博览》（*Architectural Review*）这样评价：
"伦敦南岸的展览应当被算作是第一现代城镇"。

（三）国外景观设计对英国园林的影响

虽然此时的唐纳德早已经身在美国，但其在 1948 年再版的书籍对当时英

国的设计师有着不小的影响。除了唐纳德，英国园林设计师所受到国外的影响主要来自于两个人——罗伯特·布雷·马克思（Roberto Burle Marx）和托马斯·丘奇（Thomas Church）。

　　布雷·马克思是巴西著名的现代景观设计师，也是 20 世纪英国园林设计师们主要的影响来源。布雷·马克思幼年就受到园艺艺术熏陶，长大后又开始接触绘画和雕塑。受现代主义影响的他将抽象绘画、植物造景艺术与现代景观艺术相结合到一起，开创了全新的设计语言。此外，布雷·马克思具备丰富的植物知识，他主张使用本土植物进行设计。他认为从自然中取材能够避免景观设计的"人工化"。

布雷·马克思在里约热内卢设计的屋顶花园

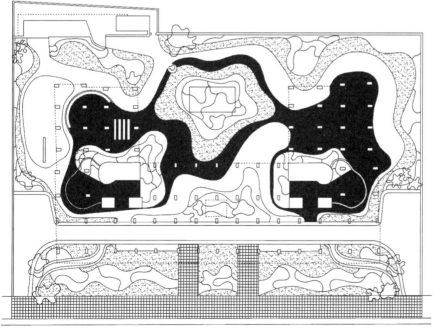

布雷·马克思在圣保罗设计的一个屋顶花园

在 1946 年克劳德·文森特（Claude Vincent）撰写的建筑评论中，英国设计师们第一次听说了布雷·马克思。1956 年他的部分作品在伦敦展览，这也让英国设计师们大开眼界。展览过后，杰里科这样总结道："景观设计很大程度上就是在协调空间关系。在保证功能的基础上还要给身处其中的人带来欢愉，并且在形式上也要具有美感"。

托马斯·丘奇是另一位对英国战后景观设计影响较大的外国设计师。他的设计主要受到阿尔托和勒柯布西耶以及一些现代画家的启发。其作品有着动态均衡、流线性、视角多样性、色彩丰富和简洁等的特点[①]。托马斯·丘奇也是"加州花园"这一风格的开创者，他的设计充满了人情味，会根据建筑物特性、基地现状而进行设计[②]。

托马斯·丘奇近 40 年的设计都陆续被刊登在了《日落杂志》（*Sunset Magazine*）及其附属刊物之中，这些刊物受到年轻的英国设计师们的追捧。此外，托马斯·丘奇和布雷·马克思的作品还出现在 1953 年艾伦（Allen）和苏珊·杰里科（Susan Jellicoe）为企鹅系列丛书（Penguin Books）撰写的图书中以及 1958 年希尔维亚·克劳出版的《园林设计》（*Garden Design*）中。

受现代主义影响的园林作品及其设计师

二战后的英国开始渐渐接受了现代主义，但现代主义对景观的影响主要集中于公共领域 [《英国园林》（*British Garden*）]，带有现代主义特征的园林作品仍属少数。这个时期比较具有影响力的当属约翰·布鲁克斯（John Brookes，1933-）为企鹅系列丛书设计的庭院，彼得·奥尔丁顿（Peter Aldington）的特恩德花园（Turn End），弗雷德里克·吉伯德的私家花园，张伯伦、鲍威尔与本恩公司（Chamberlin, Powell and Bon）设计的巴比肯屋村（Barbican Estate）以及杰弗里·杰里科设计的略带有后现代主义特征的哈维商店屋顶花园（Harvey's Store Roof Garden）。

约翰·布鲁克斯受到现代主义影响很深，他将园林视为现代主义建筑延伸出的户外的屋子。简·布朗在其所著的《20 世纪英国园林》中称约翰·布鲁克斯为"战后在英国工作的最杰出的现代主义设计师"。他早年在希尔维亚·克劳和布伦达·科尔文的工作室中工作了一段时间。而后在 20 世纪 70 年代为人们所熟知，至今已经设计了近千个园林。他提倡将现代主义融入园林设计，其设计借由抽象的图案来组织空间。此外，他所著的书籍也有着广泛的读者。

[①] 苏博. 二十世纪初期美国现代主义园林形式语言研究 [D]. 北京：北京林业大学，2011。
[②] 林箐. 托马斯·丘奇与"加州花园"[J]. 中国园林，2000：62-65。

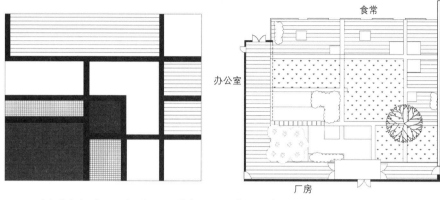

食常

办公室

厂房

Brookes 为企鹅系列丛书所设计的庭院，由蒙特里安的画作演变而来

企鹅系列丛书的庭院
平面图

　　布鲁克斯有着很多现代主义园林设计，其中最著名的当数他为企鹅系列丛书所做的庭院设计。这个设计向人们展示了"观看现代主义画作也能够帮助人们了解如何摆放色彩和图案以便形成一个平衡的整体关系"。庭院周围是食堂、办公室和厂房，内部由蒙特里安的画作演变而来，同时参考了模块化的建筑图案并将这些图案转化成了道路、草地、水系和植物种植。这个设计给战后的英国设计领域带来了巨大轰动，是英国第一个将抽象主义绘画运用到园林设计的作品。布鲁克斯另一个很出名的设计位于索赛克斯（Sussex），这个园林一年四季都会向游人开放，因为在布鲁克斯的设计下这里一年四季都有景可观。

企鹅系列丛书的庭院

布鲁克斯在索赛克斯设计的园林

虽然在种植上参考了工艺美术运动风格，但彼得·奥尔丁顿的特恩德花园仍是一个很具有现代主义特色的园林。该园林主要服务于奥尔丁顿在 20 世纪 60 年代设计的一座名为特恩德 (Turn End) 的现代主义建筑，这个建筑是他所做的系列建筑中的一个，其余两个分别是 The Turn 和 Middle Turn，三座建筑都在世界上享有盛誉，并获得诸多奖项 ①。建筑排列成 L 形，位于场地的西南侧，这里阳光十分充足。三个现代主义建筑都比较低矮，有着白色的粗灰泥墙面以及深橙黄色屋顶。此外，精心排布的窗户、由并排的玻璃门组成的墙体以及一些必要的隔断让建筑内部始终可以感受到外部季节的变化。由于西南侧是距离主干道最近的地方，所以入口也被选择在了这里，这样建筑的私密性多少会受到一些影响。为了解决这个问题，奥尔丁顿在每个建筑入口处设置了一个小的密闭空间，用墙体来隔绝外部干扰。

房屋的建造持续了大概五年，1970 年代开始，奥尔丁顿开始着手设计和建造庭院部分，这部分庭院主要服务于 Turn End。由于平日的工作，他只能用空闲的时间来建造这部分园林，整个过程差不多持续到了 1980 年代才完成。原本用于建造庭院的场地面积约 2000m²，由于奥尔丁顿在又在外围额外添加了若干个庭院，最后完工时面积达到近 4000m²。场地中部是庭院的主体，这里有着很强的空间流动性，且是不对称的。其周围连接着若干个各具特色的园林，例如雏菊花园 (Daisy Garden)、春园 (Spring Garden)、无人园 (No-mans) 等等。The Turn、Middle Turn 和 Turn End 与入口都是以简单的直线相连接，进入 Turn End 后，向左转可以进入主体花园，而右转则可以进入建筑内院，内院与无人园相连接。向东穿过建筑则就会到达春园。无人园是院中植物种植最密集的地方，有大约 50 种植物种植于此，这里阳光充沛，是沐浴阳光的好地方。向东走穿过大厅就来到了主庭院的一条隐蔽又曲折的小路上，道路转弯处种植着园中最大的两棵树——一棵栎树和一棵红杉。一路上植物种植疏密有致，给人丰富的空间体验。通过一层层线条简洁又富有美感的平台后右转就来到了雏菊花园。雏菊花园呈规则式、对称布局，作为整个院子的最低点，这里土壤稀薄，在布鲁克斯的推荐下，奥尔丁顿在这里种植了一些雏菊。场地东南侧是办公室花园 (Office Garden)，这里荫蔽且安静，与箱院 (Box Court) 与雏菊花园的阳光充足形成了很大的对比。园中的草地如河流般自由流动，连接着一个个空间，不同空间之间从明亮到荫蔽，从宽敞到幽静，给人以不断变化的空间体验。园中的景观特征也会随着季节的变化而有所不同，可见设计师在植物上的巧妙运用。

吉伯德主要从事建筑设计和城市规划，主要作品包括哈罗新城、希思罗机场 (Heathrow Airport)、利物浦罗马天主大教堂 (Liverpool Roman Catholic Cathedral) 和库斯银行 (Coutts Bank)，他的花园是他一生中设计的唯一一个

---

① Jane Brown. A Garden and three houses [M]. Woodbridge: Garden Art Pr, 1999: 31-159。

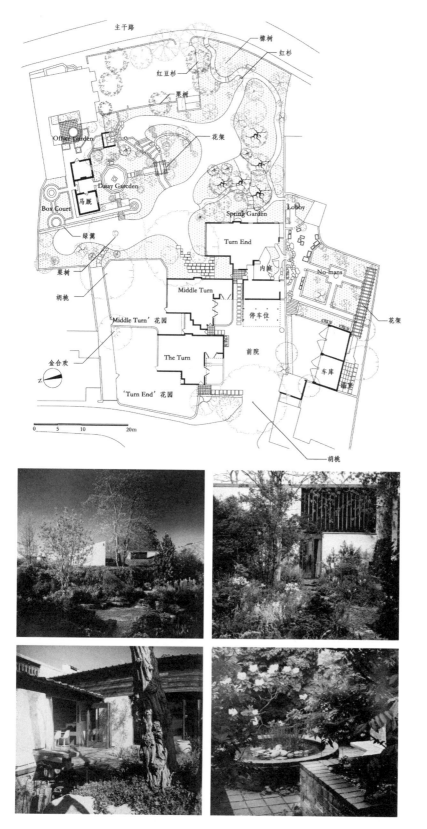

主干路
檫树
红杉
红豆杉
栗树
花架
Office Garden
Daisy Garden
马厩
Box Court
绿篱
栗树
胡桃
金合欢
Z
'Middle Turn' 花园
Middle Turn
'Turn End' 花园
The Turn
Spring Garden
Lobby
Turn End
内庭
No-mans
停车位
前院
花架
车库
胡桃

0　5　10　20m

Turn End 花园平面图

Turn End 花园景观

园林。园中收集了大量现代主义雕塑和现代主义绘画,在当地有着很高的声望。吉伯德认为"园林就是一种空间艺术",在这个设计中,他就非常重视空间上的体验。他抛弃了古典园林中的轴线,转而设计了一系列多变的角度和取景。当人行走于其中,可以明确地感受到景致的变化,交错的布局也使得各个小空间有了渗透。吉伯德的私家花园与 Turn End 花园都忠于现代主义,但是也包含一定古典主义的痕迹,例如用一些奢侈、昂贵的植物来点缀园林,这让二者似乎又有了 19 世纪园艺式园林的风格。

吉伯德私家花园（左）

巴比肯屋村鸟瞰图（右）

巴比肯屋村是现代主义在公共领域的代表作品,它有着自由开放的流水花园,环环相套的粗野主义建筑,是一个集居住区、学校、博物馆、消防站、诊所、音乐学院、图书馆、美术馆和大型的艺术表演场所于一体的乌托邦式的独立城。二战时期这一地区曾经遭受了严重的损坏,建筑物几乎无一幸免。1957 年,政府决定在此处建造居住用房,整个建筑群占地 14 万 m^2,由张伯伦、鲍威尔与本恩公司（Chamberlin, Powell and Bon）设计建造。1965 年,巴比肯屋村开始动工,直到 1976 年建成并投入使用。场地中的建筑采用了在当时英国流行的粗野主义（brutalism）设计风格,建筑外立面不经装饰而呈现出最朴实的混凝土结构,置身于其中可以感受到这片建筑群的独特魅力。建筑群位于一个数层高的基座之上,其下有着停车库等基础设施,楼宇之间通过一系列的空中平台和通道相互连接,中间设置有流水花园和露台,水流从与楼梯相连的巨大管道中倾泻而下,水池内设置有若干个相连的圆形下沉花园并种植有亲水植物。2001 年 9 月,巴比肯屋村因其建筑群规模、整体性以及设计气魄被定为二级文物。

杰弗里·杰里科是英国景观设计发展史上最具影响力的人物之一,在二战期间担任英国风景园林协会主席。其设计的很多作品对英国当时的景观设计都有很深的影响。而他的职业生涯展示了现代主义与后现代主义设计的特点。

巴比肯屋村

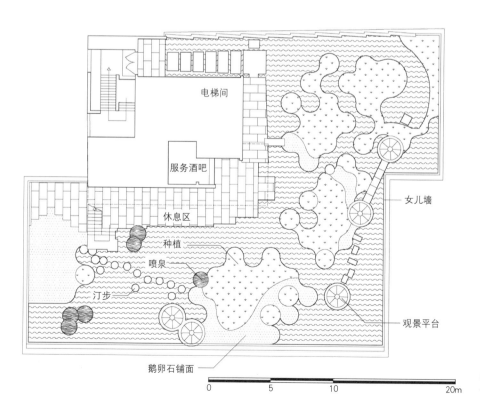

哈维商店屋顶花园的
平面图

1958 年，杰里科为哈维商店（Harvey's Store）设计了一个屋顶花园。杰里科称这个花园为天空花园（Sky Garden）。因为设计中有大面积的水面，而天空的变化会时时地倒映在水面上。这个设计有抽象艺术的痕迹，并且受到了布雷·马克思和托马斯·丘奇的影响。整个屋顶花园既是水面又是屋顶。水面、混凝土岛屿、土壤和植物被合理地排布在表面涂抹有沥青的屋顶上，建筑南侧有小型的瀑布倾泻而下，游客可以通过屋顶上的圆形踏脚石在水面上穿过。整个设计充分地利用了屋顶空间，在当时可以说是一个创举。

杰弗里·杰里科设计的哈维商店屋顶花园

汤姆·特纳将这个作品与杰里科在 1933 年设计的凯夫曼餐厅（Caveman Restaurant）一起归类为后现代主义园林作品。这样归类很重要的一个原因是这两个作品表现出了一种隐喻在里面。现代主义作品往往具有单纯简洁，从自然中进行抽象，强调功能性的特点，而后现代主义虽然也有着对功能的思考，但更加注重形式的美感。除此之外，对文脉的重视以及包含某种寓意也是后现代主义园林设计的主要特点。而杰里科的两个作品确实也有着寓意在里边。凯夫曼餐厅在建筑上设置了玻璃屋顶和鱼池，以激发对人类从沼泽进化而来的思考；后者屋顶花园则是用圆形的汀步和种植池来隐喻当年俄罗斯发射的第一颗人造卫星。杰里科的设计里确实很多都会包含着象征性、叙事性的内容。例如肯尼迪碑前的象征苦难的树林 [①]、莎顿庄园（Sutton Place）中"创造力、生命和渴望"的隐喻以及舒特花园（Shute House）中留给游人的岔路口（如同人生中的岔路口，一条昏暗、阴郁、隐蔽，另一条光明、灿烂、悦耳）。

杰弗里·杰里科是 20 世纪英国景观设计先锋，被看作是"在 20 世纪前期把景观设计带出私人领域同时在 20 世纪后期把他带入公共领域的倡导人"，与其齐名的还有布伦达·科尔文和希尔维亚·克劳。与杰里科不同的是，后两者

---

① 田习倩，赵洁. 英国景观设计师杰弗里·杰里科的设计语言 [J]. 现代农业科技，2010，(17)：211-213。

的作品对于现代主义的探索并不明显，其设计理念更多的是源自 18 世纪的英国风景园。克劳在其所著的《园林设计》（*Garden Design*）中只给现代主义园林留下了两页半的内容，里面简单介绍了布雷·马克思、托马斯·丘奇以及布雷·马克思的作品。克劳赞赏三者独特的设计语言，同时也表达了一定的担忧，她认为，设计师需要有一定的艺术创造能力才能将这种语言运用得当，否则一味模仿只能够让设计变得苍白无力。书中余下的部分更多的是对海德考特庄园

杰弗里·杰里科设计的凯夫曼餐厅（1934 年）

（Hidcote Manor）的赞赏。她从传统园林中挑选优质的元素纳入现代园林、公园、工厂、学校等的设计中，并且希望能够将英国风景园的设计理念和设计元素运用到现代的园林中去。

异彩纷呈——20世纪后期的英国园林

现代主义园林设计成为主流

　　自 1980 年开始，现代主义对英国园林设计的影响开始变得越来越明显，这种影响已不仅局限于公共领域或者半公共领域，私人的庭院设计也开始越来越多的表现出现代主义特征。一方面是因为英国人思想上的转变——他们开始重视现代主义思想，并且对功能性表现出了迫切的渴望；另一方面则归功于那些追求创新、坐拥丰厚资产的庭院主人，他们给园林设计师提供资金上的扶持，让这些园林设计师有机会尝试自己全新的设计理念。针对 20 世纪 80 年代的英国园林，简·布朗这样写道："如今的园林已经不再是一个单纯的户外空间了，它还要是一个厨房、一个杂物间、一个餐厅、一个游乐室、一个健身房、一个卧室以及一个可以供宠物玩耍、休憩的地方"（《20 世纪英国园林》）。1980 年 8 月，《景观设计》(*Landscape Design*) 上也刊登了一个具有很强功能性的庭院。园子中有足够的空间供孩童玩耍，这里还有沙坑、秋千、菜地以及晾晒衣服的地块等等。

　　现代主义带来的改变可以在切尔西花展 (Chelsea Flower Show) 上窥知一二。切尔西花展是英国最具影响力的花展之一，每年举办一次，英国最好的设计和最新的植物都会在这里进行展示，透过其设计风格也可以看出英国园林行业的发展趋势[①]。在 1980 年，切尔西花展里展示的设计开始受到现代主义的影响，等到了 2000 年，现代主义就已经完全替代了之前的工艺美术运动思想成为展会上设计的主流。这期间，园林中材料的应用也有了突破，越来越多新奇的材料被使用到园林设计中来。例如，1988 年切尔西花展中的"玻璃园"就开创了园林中玻璃材质的应用。玻璃的使用不但能够给花园增色，还能够增加花园的空间感。在 2003 年切尔西花展上吉姆·哈尼 (Jim Honey) 和詹姆斯·戴森 (James Dyson) 设计的"错误的花园 (Wrong Garden)"中也设计了玻璃泉和玻璃椅。这个设计的巧妙在于它营造出了一种错误的视觉效果，仿佛真的是"水往高处走"。类似这样新奇的设计，越来越多地出现在切尔西花展上。

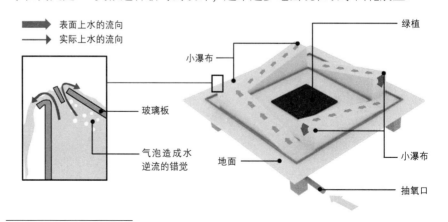

错误的花园分析图

① 陈进勇. 切尔西花展 2003 [J]. 中国园林，2003，(11)：9-13。

自 1980 之后, 英国涌现出很多现代主义园林作品, 与 1980 年之前的英国园林相比, 这些作品不但在数量上有所增加, 其现代主义特征也变得愈发明显。例如诺尔-贝克和平花园 (Noel-Baker Peace Garden) 和凯夫茨格特花园 (Kiftsgate) 花园中的水景花园等等。

诺尔-贝克和平花园具有明显的现代主义特征。其设计语言受到了蒙德里安绘画的影响。设计师史蒂夫·亚当斯 (Steve Adams) 用长方形的水池、步道、草地和植物种植替代了蒙德里安绘画中各种色彩的体块, 形成了一种简洁且平衡的构图。亚当斯在中心草坪的右侧设置有花架和玫瑰花丛, 紫藤、藤本月季、铁线莲等攀缘植物在这里形成了一条植物廊道。这个园子是为诺贝尔和平奖获得者菲利普·诺尔-贝克 (Philip Noel-Baker) 所做, 所以园中有很多象征和平的元素, 例如有着鸽子和橄榄枝图案的铸铁门。亚当斯在诺尔-贝克和平花园中还分别设计了几个各具特色的主题园——雪园 (White Garden)、芳香园 (Scented Garden)、沼泽园 (Bog Garden) 等。雪园中种植了大量白色的花卉, 似皑皑白雪。芳香园则主要是为盲人和残疾人所准备, 这里种植有芳香花卉, 为了能让他们更好地感受自然, 拉近其与自然的联系。沼泽园则种植有亲水植物, 其旁有着一个水池, 水聚集在高处的水池中, 再经由一个瀑布倾泻而下, 最终流入一个倒映池中。亚当斯在设计中还注重植物色彩的表达, 他通过精心配置一系列的灌木和草本花卉来为园子提供一种随四季而变的动态色彩变化, 从白色过渡到蓝色再到黄色、橘色和红色, 之后回归到白色, 再之后是紫色和红色。

凯夫茨格特花园 (Kiftsgate Garden) 中的水景园是证明现代主义对英国园林的影响逐渐加深最好的例证。凯夫茨格特位于海德科特花园 (Hidcote Manor Garden) 对面, 由于三代经营者都是女性, 相比海德科特花园的大气, 这里显得更加雅致 ①。自 1981 年被买入, 这里逐渐被设计成一个色彩缤纷的花园, 有着传统的英国设计风格。

2003 年切尔西花展——错误的花园 (引自: 网络) (左)

史蒂夫·亚当斯设计的诺尔-贝克和平花园 (右)

① 王姗. 三代传承 百年花园——Kiftsgate 花园纪行 [J]. 园林, 2012, (1): 12-17.

凯夫茨格特花园中的水
景花园

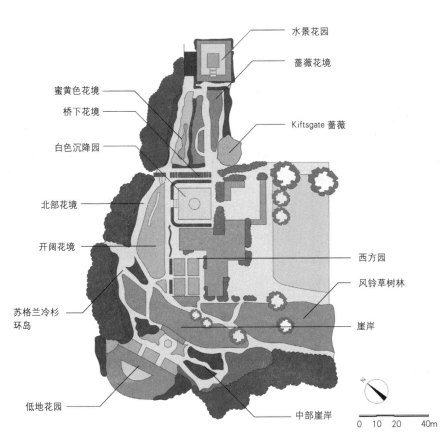

凯夫茨格特花园平面图

水景花园

蔷薇花境

蜜黄色花境

桥下花境

Kiftsgate 蔷薇

白色沉降园

北部花境

开阔花境

西方园

风铃草树林

苏格兰冷杉
环岛

崖岸

低地花园

中部崖岸

0 10 20   40m

　　凯夫茨格特花园大多是以表现园艺特色为主的规则式园林。例如距离入口处不远的四方园（Four Squares and Terrace）就是一个非常规矩、对称的花园，这里种植有丹参、牡丹、月季和毛地黄等，各类观赏花卉争奇斗艳，与建筑的肃穆形成很鲜明的对比。而不远处的白色沉降园（White Sunk Garden）则种植有大量白色的花卉，再加上园中央叮咚作响的八边形喷泉，整个花园表现出一种静谧、宁静之美。各个园子之间用一条条小路串联起来，沿途满是各种花卉，绣球花、杜鹃花以及英国人最爱的蔷薇，再加上小桥、流水和整齐规矩的小方青砖——传统的种植技艺，传统的造园材料和元素。这样一个经三代传承的英式园林中，在20世纪后期却引入了现代主义元素——一个与其他庭院截然不同的现代主义水景花园(Water Garden)。水景花园是一个十分简洁的园子，庭院四周是简单的紫衫绿篱，除此之外再无其他花草。水池中央有一小块正方形的陆地与外围以汀步连接。其正前方是西蒙·埃里森（Simon Allison）设计的24片金色的心形蔓绿绒叶雕塑，有流水顺着叶片流下，叮咚作响。整个构图简单且纯净，线条明朗，白色的道路、绿色的草地以及深色的水面形成一种强烈的对比。这样一个具有传统英国园林特征的园子中却被引入了现代主义元素，可见此时的现代主义园林思想已经得到很大的认可。

　　这个时期英国本土也涌现出了一些现代主义设计师和设计团队，其中最具有影响力的当属克里斯托弗·布拉德利霍尔（Christopher Bradley-Hole）。布拉德利霍尔受极简主义影响很深，他曾表示：极简主义设计师因为不能够依赖于装饰，所以就需要通过操纵空间、比例和材料来获得理想的效果。他的设计

2013年切尔西花展——修剪的方块(Clipped Cubes)

克里斯托弗 · 布拉德
利霍尔在苏塞克斯设
计的圆形露天剧场

是简单而纯净的，不掺杂一点杂质①。有时，这些过于"干净利落"的线条也
会让设计显得过分的朴素，布拉德利霍尔就会选择用植物来调节，这些植物有
着丰富的形态和颜色，让园林顷刻间充满了活力。他在苏塞克斯设计的圆形露
天剧场证明了他对极简主义的喜爱和推崇，而他在 2013 年切尔西花卉展上设
计的 Clipped Cubes（修剪的方块）则表现了他极佳的植物配置能力，块状绿
篱排布而成的极简主义园林因植物的加入而变得生机盎然。最基本的形态、最
简单的植物种植反而营造出了一个十分复杂、奇妙的空间。

英国后现代主义园林

20 世纪 60 年代，现代主义设计发展到了顶峰甚至形成了一种专制的状态，
这不免引起了反主流文化的兴起，后现代主义应运而生②。在艺术领域相继产
生了波普艺术、大地艺术、结构主义等设计思想，这些思想为后现代主义园林
的产生提供了基础。后现代主义园林对现代主义园林的很多设计原则提出反对，
并形成了一系列新的特质。它反对现代主义园林的功能至上，强调审美形态与
实用功能同等重要。同时，后现代主义园林并不排斥古典主义风格，事实上，
它将现存的大众文化与逝去的历史样式相融合，就像罗伯特 · 文丘里（Robert
Venturi）所说的那样，要用"杂种"取代现代主义的"纯种"③。此外，后现代

① Ursula Buchan. The English Garden [M]. Princeton：Frances Lincoln Ltd，2006：349-376。
② 钟晨. 景观中的后现代主义表现反思 [J]. 现代园林，2011，(01)：20-23。
③ 刘景群. 浅谈后现代主义影响下的景观设计 [J]. 城市建设理论研究（电子版），2012，(26)。

主义园林还有一个最显著的特征就是它的隐喻和叙事性 [①]。

　　对于美国等国家来说，20 世纪七八十年代正是后现代主义园林取代现代主义园林成为主流的时期 [②]。这一次，英国并没有像接受现代主义园林那样用几十年的时间来适应后现代主义园林，伴随着现代主义园林的盛行，许多后现代主义园林作品也涌现出来。例如德里克·贾曼（Derek Jarman）的邓杰里斯海滩艺术花园（Dungeness Beach Art Garden）、查尔斯·詹克斯（Charles Jencks）在苏格兰设计的宇宙思考花园（The Garden of Cosmic Speculation）以及凯瑟琳·古斯塔夫森（Kathryn Gustafson）的戴安娜王妃纪念喷泉（Diana Memorial Fountain）等等。这些后现代主义园林作品表现出了许多不同于现代主义园林的特征。

德里克·贾曼的设计的邓杰里斯海滩艺术花园

　　宇宙思考花园是著名的建筑评论家查尔斯·詹克思在 1990 年建造的私家花园，表达了黑洞、分形等主题，整个花园可以说蕴含着无限的宇宙奥秘。园中如同瀑布般层层跌下的楼梯象征着宇宙，最终消失在代表着宇宙起源之谜的湖水中。园中还设置有极具视觉冲击力的地形地貌——螺旋状的小山、扭曲的坡地、随地形回转的水系。詹克思希望借由这个设计来开创一种全新的设计语言。与前者相比，戴安娜王妃纪念喷泉的设计语言并不显新颖，更谈不上视觉冲击力。作为后现代主义作品，它的主要特征在于一种隐喻性——这个设计反映了戴安娜王妃的个性也暗示了其起伏的一生。水流到达制高点后分别沿两条

① 付溢. 后现代主义对西方现代园林的影响 [D]. 北京：北京林业大学，1998。
② Bradley-Hole. Making the modern garden [M]. New York：Monacelli Press，2007：31-32。

路流下，一条自由而下，而另一条则是要经过层层阻碍，沿途满是瀑布和漩涡，最终两条水流会再度交汇在一起，再经由水泵开始新的旅程。两条流水，一条代表着戴安娜王妃生命中快乐的时光，另一条则暗指其生命中的起伏和波折。同样，德里克·贾曼所做的邓杰里斯海滩艺术花园也摒弃现代主义的"枯燥无趣"，贾曼在庭院中小屋上刻上了约翰·邓恩（John Donne）的诗歌《日出》（*The Sun Rising*），并在园中布置了很多渔具、贝壳、废弃的工具以及生锈的金属，这为整个设计增添一种叙事性。

查尔斯·詹克思设计的宇宙思考花园

凯瑟琳·古斯塔夫森设计的戴安娜王妃纪念喷泉

传统与创新——

刍议英国现代园林发展

风格与传统

风格是一个很模糊的字眼，往往体现为一种设计的艺术特色和个性。而风格类似者相互影响，进而集体有意识或无意识地表现出类似的艺术作风，从而形成所谓的流派，在设计理论上、艺术方法上构成了派别。[①] 设计风格不是凭空形成的，它是当时社会政治、经济、文化综合作用的结果，是人们生活习俗、生活方式所致。

工艺美术花园形成于英国经济发展的鼎盛时期，受新富阶层在乡村建造住宅的需求所驱动。除了工艺美术运动作为一种直接的引导力量之外，在文化艺术上，村舍花园是英国文学题材盛久不衰的主题，19世纪的乡村绘画也风行一时，田园诗歌、浪漫主义绘画都间接地推动了英国花园的发展与兴盛。工艺美术花园正是在这样的背景下慢慢发展成为一种成熟的造园风格，并深深地影响了20世纪英国花园的发展。风格所造成的"'偏爱'往往会变成一种集体的无意识，从而左右时尚。"英国人对园艺的热衷，对英国花园的迷恋，使现代园林的探索活动在英国廖若晨星，步履蹒跚，没有形成大的潮流，在一定程度上迟滞英国现代花园的发展。

从另一方面看，工艺美术花园的形成深深地扎根于传统，是在传统园林的基础上慢慢转变而成。"与文化的变革一样，景观的发展与变革，也是在伴随着对过去的继承与否定中进行的，一种新的景观形式的产生，总是与其历史上的园林文化有着千丝万缕的联系。"[②]19世纪英国工艺美术花园形成前的自然风景园、花园式风格、混合式风格在经过维多利亚时期的混乱之后，融合成了具有英国自己特色的工艺美术花园风格。在工艺美术运动精神的引领下，花园中的住宅更倾向于传统的建筑风格，偏向中世纪、哥特式风格，兴起了古老庄园和城堡的修复活动，而花园的设计也受到了传统造园风格的深刻影响。这也是很多工艺美术花园，在现代看来有着深深英国传统韵味的原因。但在当时，自然、简朴的工艺美术花园相对于庄严、华丽维多利亚式花园而言是很现代的。

无须标榜某种设计风格的伟大，它是时代的综合产物，有着自身的优越性和不可避免的时代局限性。工艺美术花园产生于英国园艺兴盛的时期，丰富的植物材料理所当然地成为花园的主要特征。围绕植物种植与展示而展开的生态上和艺术上的探索成为工艺美术花园恒久的闪光点。在布局形式上也进行了具有进步意义的探索，但与受现代艺术、现代建筑思想深刻影响的现代园林形式的全面革新相比，有很大的时代局限性。

① 吴家骅. 环境设计史纲. 重庆：重庆大学出版社，2002.6.
② 王向荣，林箐. 现代景观的价值取向. 中国园林，2003，(1)：4-11.

怀旧与创新

　　19 世纪 30 年代中期的英国早已成为欧洲最活跃的现代建筑运动实验中心，然而在建筑界如火如荼发展的现代主义运动对英国园林的影响却是简短、迟缓而且反复无常。20 世纪初，英国园林设计曾一度陷入了迷茫之中。而此时出现的现代主义思想，原本能够将英国园林从迷茫中解救出来，但现代主义在英国园林的传播却并不顺利。早期现代主义为园林设计师带来的是迷茫甚至厌恶感。

　　产生这种不被接受的原因首先是由于 20 世纪前半段工艺美术风格的盛行以及政治和社会方面不愿接受现代主义思想导致的。其次，导致现代主义园林不被认可的原因还有英国人怀念帝国主义辉煌时期的缘故。除此之外，现代主义没能流行还与其材料运用上的困难有关系，因为混凝土材质在岁月的侵蚀中无法保持原来的状态。以上种种原因致使现代主义始终没有受到多数英国园林设计师的青睐，尽管有着多方的探索和努力，但也始终无法成为英国园林的主流。自唐纳德离开，英国现代主义很长时间都停滞不前甚至几乎是走向了消亡。

　　二战之后，园林的设计师的职能发生了转变，现代主义园林设计也在英国得到了更多人的认可，但这种设计手法主要是被运用在城市开放空间中，与住宅相联系的庭院（garden）虽然与过往不同，但也不是全部意义上的现代主义园林，这些园林仍旧包含了很多古典主义元素，主要是对空间流动性的探索，它们或许可以被称为现代园林，但难以被冠以现代主义园林的标签。现代主义对于英国园林的影响是缓慢且艰难的，经历了很长一段时间，现代主义园林才得到了英国民众和多数设计师的认可，1980 年开始，现代主义对园林的影响

20 世纪英国园林相关事件汇总图

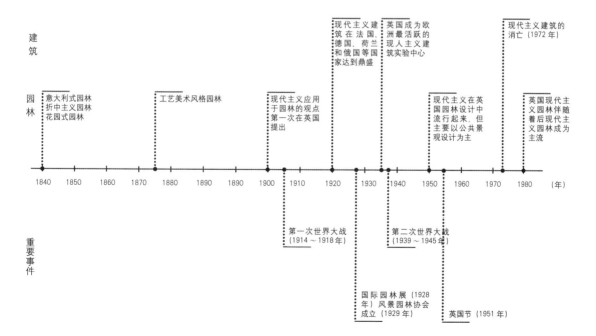

才变得越来越明显。这也许是因为设计师们越来越重视功能，也许是因为对现代主义材料的运用更加自如，也许是英国人对与帝国时代的怀念已经减弱，也许是得益于资金充足又追求创新的雇主。

杰里科在 1975 年说道："世界正向一个阶段迈进，在这个阶段里景观设计将被认为是最综合的艺术"。在这近百年的历史里，我们看到了英国园林设计师向风景园林设计的转变，也看到现代主义对英国的影响从无到有、从浅到深。英国园林的发展史以及其对现代主义思考与运用值得我们思考和借鉴。

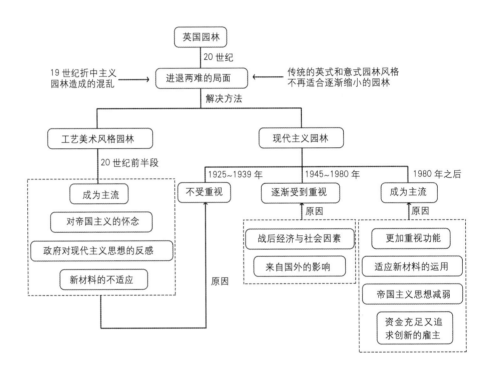

20 世纪英国园林

图片来源

莫奈的《日本桥》　引自 http://www.eastobacco.com/dfycb/201411/t20141120_348739.html
毕加索的《弹曼陀林的少女》　引自维基百科
盖伍莱康"水与光之园"　引自张春彦.自然与人工
盖伍莱康在依荷设计的立体派园林　引自维基百科
康定斯基《构图 8 号》　引自央视国际
艾克博设计的"Goldstone garden"　引自 Tom Turner.British Gardens
马列维奇《白底上的黑色方块》　引自维基百科
蒙德里安《红黄蓝构图》　引自维基百科
巴塞罗那世博会德国馆平面图　改绘自《现代景观——一次批判性的回顾》
圆形的花坛展示方式，山德比，1777 年　引自 Penelope Hobhouse. Plants in Garden History
牛津大学图书馆收集的 1799 年白金汉郡 Hartwell 地区花床种植详图　引自 Penelope Hobhouse. Plants in Garden History
爪蒙德城堡，台地上栽种着繁茂的植物　引自 Marie-LuiseGothein，History of garden art
莎波兰德公园　引自 Marie-LuiseGothein，History of garden art
合佛城堡，肯特　引自 Jane Brown. The English Garden through the 20th century
艾佛德别墅，威尔特郡，裴托自己的花园　引自 Jane Brown. The English Garden through the 20th century
《英国花园》中的插图　引自 William Robinson. The English Flower Garden
西蒙尼·巴恩斯利设计的围墙和鸽笼　引自 Judith B., Tankard. Gardens of the Arts and Crafts Movement
《战舰"特米雷勒号"最后一次的归航》，特纳，1838 年　引自张少侠.世界绘画珍藏大系：8, 浪漫主义绘画
杰基尔式的花境　引自 Penelope Hobhouse. Garden style
科姆斯高特庄园　引自 Jill Duchess of Hamilton, Penny Hart & John Simmon. The Gardens of William Morris
科姆斯高特庄园　引自 Jill Duchess of Hamilton, Penny Hart & John Simmon. The Gardens of William Morris
英国传统风景造园图示　引自 Tom Turner. Garden History: Philosophy and Design 2000 BC-2000 AD
园艺式造园风格图示　引自 Tom Turner. Garden History: Philosophy and Design 2000 BC-2000 AD
混合式造园风格图示　引自 Tom Turner. Garden History: Philosophy and Design 2000 BC-2000 AD
工艺美术花园风格图示　引自 Tom Turner. Garden History: Philosophy and Design 2000 BC-2000 AD
比肯·希尔，艾塞克斯（1925 年）引自 Tim Richardson. English Gardens in the Twentieth Century
考恩威尔庄园，牛津郡（1941 年），挖掘胜利：花园被用来生产蔬菜
引自 Tim Richardson. English Gardens in the Twentieth Century
道尔斯庄园，伍斯特郡，在二战快结束时，许多花园都处在荒芜的状态
引自 Tim Richardson. English Gardens in the Twentieth Century
格达德，色雷（1981 年）引自 Wendy Hitchmough. Arts and Crafts Gardens
红屋　引自 Wendy Hitchmough. Arts and Crafts Gardens
怀特维克庄园，帕森 1887 年设计了最初的种植规划　引自 Tim Richardson. English Gardens in the Twentieth Century
斯莱特霍姆代尔，北约克郡（1995 年）引自 Tim Richardson. English Gardens in the Twentieth Century
霍韦克·豪尔，诺森伯兰郡（1997 年）引自 Tim Richardson. English Gardens in the Twentieth Century
芒斯蒂德·乌德花园平面图　引自 Judith B.Tankard. Gardens of the Arts and Crafts Movement
芒斯蒂德·乌德花园北半部平面图　引自 Richard Bisgrove. The garden of Gertrude Jekyll
芒斯蒂德·乌德花园中的主花境，Helen Allingham 绘，1900 年　引自 Jane Brown. The English Garden through the 20th Century

芒斯蒂德·乌德花园北庭院　引自网络

Tonbridge，肯特郡　引自 Richard Bisgrove. The garden of Gertrude Jekyll

芒斯蒂德·乌德花园的林中小路　引自 Richard Bisgrove. The garden of Gertrude Jekyll

蒂呢瑞花园平面图　引自 Judith B.Tankard. Gardens of the Arts and Crafts Movement

蒂呢瑞花园中的植被景观　引自 Tim Richardson. English Gardens in the Twentieth Century

蒂呢瑞花园中的水渠　引自 Tim Richardson. English Gardens in the Twentieth Century

米尔米德住宅平面图　引自 Judith B.Tankard. Gardens of the Arts and Crafts Movement

佛利农场平面图　引自 Judith B.Tankard. Gardens of the Arts and Crafts Movement

佛利农场中凉廊围合下的方形水塘　引自 Lawrence Weaver.House and Cardens by E. L. Lutyens

佛利农场中下沉的月季园　引自 Lawrence Weaver.House and Cardens by E. L. Lutyens

佛利农场中的水渠园　引自 Lawrence Weaver.House and Cardens by E. L. Lutyens

赫丝特考姆花园平面图　引自 Lawrence Weaver.House and Cardens by E. L. Lutyens

赫丝特考姆花园中的大平地　引自 Lawrence Weaver.House and Cardens by E. L. Lutyens

赫丝特考姆花园中水渠的源头　引自 Lawrence Weaver.House and Cardens by E. L. Lutyens

赫丝特考姆花园中细长的水渠　引自 Gertrude Jekyll and Lawrence Weaver. Arts and Grafts gardens

赫斯特考姆花园中的荷兰园　引自 Richard Bisgrove. The garden of Gertrude Jekyll

从外面看圆形水庭　引自 Lawrence Weaver.House and Cardens by E. L. Lutyens

自圆形水庭外望　引自 Lawrence Weaver.House and Cardens by E. L. Lutyens

厄普顿·格雷平面图　引自 Judith B.Tankard. Gardens of the Arts and Crafts Movement

厄普顿·格雷花园东面的台地　引自 Rosamund Wallinger. Gertrude Jekyll's Lost Garden

厄普顿·格雷花园西面的自然式花园　引自 Rosamund Wallinger. Gertrude Jekyll's Lost Garden

厄普顿·格雷花园中的花境　引自 Rosamund Wallinger. Gertrude Jekyll's Lost Garden

格雷夫泰庄园平面图　引自 Judith B.Tankard. Gardens of the Arts and Crafts Movement

帕森斯描绘格雷夫台庄园的水彩画　引自 Judith B.Tankard. Gardens of the Arts and Crafts Movement

蒂夫林花园平面图　引自 Judith B.Tankard. Gardens of the Arts and Crafts Movement

劳德玛屯庄园平面图　引自 Judith B.Tankard. Gardens of the Arts and Crafts Movement

劳德玛屯庄园中的花境和凉亭　引自 Jane Brown. The English Garden through the 20th Century

劳德玛屯庄园中建筑前的台地　引自 Judith B.Tankard. Gardens of the Arts and Crafts Movement

劳德玛屯庄园中的花境　引自 Judith B.Tankard. Gardens of the Arts and Crafts Movement

希德考特庄园平面图　引自 Jane Brown. The English Garden through the 20th Century

希德考特庄园中的长步道　引自网络

希德考特庄园中的泳池花园　引自网络

希德考特庄园中的绿柱园　引自网络

希德考特庄园中从红色花境到斯蒂尔特花园　引自网络

希德考特庄园中的白色园　引自网络

斯塞赫斯特庄园平面图　引自 Jane Brown. The English Garden through the 20th Century

斯塞赫斯特庄园中自城堡俯视月季园　自摄

斯塞赫斯特庄园中自城堡俯视月季园和波厄斯墙　自摄

斯塞赫斯特庄园中的月季园　自摄

斯塞赫斯特庄园中的草药园　自摄

斯诺希尔庄园平面图　引自 Judith B.Tankard. Gardens of the Arts and Crafts Movement

斯诺希尔庄园中的阿米勒瑞庭院　引自 Judith B.Tankard. Gardens of the Arts and Crafts Movement

斯诺希尔庄园中紫杉柱夹峙的小路　引自 Judith B.Tankard. Gardens of the Arts and Crafts Movement

希德考特庄园平面图　自绘

希德考特庄园空间组成及主要视景线　自绘

劳德玛屯庄园平面图　自绘

劳德玛屯庄园空间组成及主要视景线　自绘

斯塞赫斯特庄园平面图　自绘

斯塞赫斯特庄园空间组成及主要视景线　自绘

台阶旁的植物配置　引自 Richard Bisgrove. The garden of Gertrude Jekyll

各种凉亭的形式　引自 Gertrude Jekyll and Lawrence Weaver. Arts and Grafts gardens

园门　引自 Gertrude Jekyll and Lawrence Weaver. Arts and Grafts gardens

西德尼·巴恩斯利带有鸽笼的拱门　引自 Gertrude Jekyll and Lawrence Weaver. Arts and Grafts gardens

门柱上的鸽笼，欧内斯特吉姆森　引自 Gertrude Jekyll and Lawrence Weaver. Arts and Grafts gardens

简易铁制花架　引自 Gertrude Jekyll and Lawrence Weaver. Arts and Grafts gardens

赫丝特考姆花园中的花架　引自 Gertrude Jekyll and Lawrence Weaver. Arts and Grafts gardens

厄普顿·格雷花园中由木柱和绳索构成的简易花架　引自 Richard Bisgrove. The garden of Gertrude Jekyll

花架上下都为繁茂的植物覆盖　引自 Richard Bisgrove. The garden of Gertrude Jekyll

精心安置的路特恩斯椅　引自 Gertrude Jekyll and Lawrence Weaver. Arts and Grafts gardens

石椅　引自 Gertrude Jekyll and Lawrence Weaver. Arts and Grafts gardens

花园中的日晷、花园中的雕像、瓶饰（从左到右）　引自 Gertrude Jekyll and Lawrence Weaver. Arts and Grafts gardens

珀乐公园中圆形花园平面规划图　引自 Richard Bisgrove. The garden of Gertrude Jekyll

莫提斯方·阿贝中的种植设计　引自 Richard Bisgrove. The garden of Gertrude Jekyll

赫丝特库姆花园中的种植设计　引自 Richard Bisgrove. The garden of Gertrude Jekyll

杰基尔设计中流动的植物组团——漂浮物　引自 Richard Bisgrove. The garden of Gertrude Jekyll

镶嵌在台阶中的植物组团　引自 Richard Bisgrove. The garden of Gertrude Jekyll

达西·布莱德设计的位于诺福克的房屋　引自 Jane Brown. The English Garden through the 20th Century

查尔斯·霍姆推荐的第四个园林　自绘

风景园林协会出版的"风景与园林"杂志封面　引自 Jane Brown. The English Garden through the 20th Century

马里兰（Marylands）中的水池　引自 Jane Brown. The English Garden through the 20th Century

奥利弗·希尔的召德汶（Joldywynds）　引自 Jane Brown. The English Garden through the 20th Century

Joldwynds 入口透视图　引自 Jane Brown. The English Garden through the 20th Century

Joldwynds 中被白色结构框出的画面　引自 Jane Brown. The English Garden through the 20th Century

奥利弗·希尔与唐纳德合作的 Hill House　引自 David Jacques，Jan Woudstra.Landscape Modernism Renounced

High and Over 平面图　自绘

High and Over 中的建筑与园林　引自网络

High and Over 鸟瞰　引自网络

帕特里克·格温设计的 The Homewood　引自 Tom Turner.British Gardens

The Homewood 中的建筑与园林　引自 Tom Turner.British Gardens

The Homewood 中的水池　引自 Tom Turner.British Gardens

伦敦动物园企鹅馆　引自网络

伦敦动物园企鹅馆模型　自绘

沃尔特·格罗皮乌斯在达丁顿设计的圆形剧场　引自 Janet Waymark.Modern Garden Design

威廉姆·理察兹设计的 High Cross House　引自 Janet Waymark.Modern Garden Design

Jean Caneel-Claes 设计的简约风格的花园　引自 Jane Brown. The English Garden through the 20th Century

彼得·贝伦斯在英国设计的一个建筑　引自 Tom Turner.British Gardens

Jean Caneel-Claes 设计的简约风格的花园　自绘

建筑式的植物，智利南美杉　引自 Christopher Tunnard. Garden in the Modern Landscape

建筑式的植物组合　引自 Christopher Tunnard. Garden in the Modern Landscape

唐纳德在 BBC 电视转播中向观众展示一个庭院的模型　引自 Janet Waymark.Modern Garden Design

圣安山模型　自绘

圣安山平面图　自绘

圣安山鸟瞰图　引自网络

圣安山中的弧形水池和杜鹃花丛　引自网络

圣安山中的景观　引自：左图，Janet Waymark.Modern Garden Design；右上图，网络；右下图，Jane Brown. The English Garden through the 20th Century

根据建筑位置对庭院做出的逐步调整　自绘

本特利树林建筑前花园种植详图　自绘

本特利树林景观　引自：左上图、右上图，Jane Brown. The English Garden through the 20th Century；左下图、右下图，David Jacques，Jan Woudstra.Landscape Modernism Renounced

本特利树林平面图　自绘

本·尼克尔森1947年创作的Mousehole　引自网络

哈罗新城平面图　引自Janet Waymark.Modern Garden Design

哈罗中的水景园和市政大楼　引自Janet Waymark.Modern Garden Design

英国节伦敦南岸展区全景　引自网络

英国节标志性建筑　引自：左上图，Museum of London website；右上图，科比斯图片社；右下图，Tom Turner.British Gardens

家和庭院展厅外的庭院设计　彼得·谢菲尔德拍摄

英国节庭院设计草图　引自Harriet Atkinson.The Festival of Britain

英国节中道路旁的种植　彼得·谢菲尔德拍摄

英国节南岸展区景观设计　引自Harriet Atkinson.The Festival of Britain

独角兽咖啡厅外的莫特花园　引自Harriet Atkinson.The Festival of Britain

弗兰克·克拉克与玛利亚·谢帕德设计的雷杰塔饭店花园　引自Harriet Atkinson.The Festival of Britain

布雷·马克思在里约热内卢设计的屋顶花园　引自Jane Brown. The English Garden through the 20th Century

布雷·马克思在圣保罗设计的一个屋顶花园　引自Jane Brown. The English Garden through the 20th Century

企鹅系列丛书的庭院平面图　自绘

企鹅系列丛书的庭院　引自网络

布鲁克斯在索赛克斯设计的园林　引自Jane Brown. The English Garden through the 20th Century

Turn End花园平面图　自绘

Turn End花园景观　引自Jane Brown. A Garden and three houses

吉伯德私家花园　引自Jane Brown. The English Garden through the 20th Century

巴比肯屋村鸟瞰图　引自网络

巴比肯屋村　引自网络

哈维商店图　自绘

杰弗里·杰里科设计的哈维商店屋顶花园图　引自Jane Brown. The English Garden through the 20th Century

杰弗里·杰里科设计的凯夫曼餐厅（1934年）　引自Tom Turner.British Gardens

错误的花园分析图　自绘

2003年切尔西花展——错误的花园　引自网络

史蒂夫·亚当斯设计的诺尔-贝克和平花园　引自Tom Turner.British Gardens

凯夫茨格特花园中的水景花园　引自Tom Turner.British Gardens

凯夫茨格特花园平面图　自绘

2013年切尔西花展——修剪的方块（Clipped Cubes）引自网络

克里斯托弗·布拉德利霍尔在苏塞克斯设计的圆形露天剧场　引自Ursula Buchan.The English Garden

查尔斯·詹克思设计的宇宙思考花园　引自网络

凯瑟琳·古斯塔夫森设计的戴安娜王妃纪念喷泉　引自网络

德里克·贾曼的设计的邓杰里斯海滩艺术花园　引自Ursula Buchan.The English Garden

20世纪英国园林相关事件汇总图　自绘

20世纪英国园林　自绘

索引

彩图 1
《战舰"特米雷勒号"最后一次的归航》，特纳，1838 年

彩图 2
杰基尔式的花境

彩图 3
斯莱特霍姆代尔，北
约克郡（1995 年）

20 世纪 90 年代色彩缤纷的植物规划不再回避颜色的强烈对比

彩图 4
霍韦克·豪尔，诺森
伯兰郡（1997 年）

漂亮的草地景观是 20 世纪 90 年代的追求

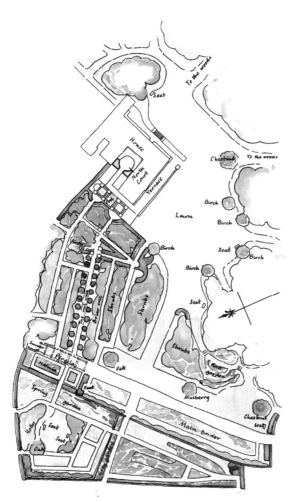

彩图 5
芒斯蒂德·乌德花园北半部平面图

彩图 6
芒斯蒂德·乌德花园中的主花境，Helen Allingham 绘，
1900 年

彩图 7
芒斯蒂德·乌德花园北庭院

彩图 8　帕森斯描绘格雷夫台庄园的水彩画

彩图 9
希德考特庄园中从红色
花境到斯蒂尔特花园

彩图 10
希德考特庄园中的白
色园

彩图 11
斯塞赫斯特庄园中自
城堡俯视月季园

彩图 12
斯塞赫斯特庄园中自
城堡俯视月季园和波
厄斯墙

彩图 13
斯塞赫斯特庄园中的
月季园

彩图 14
斯塞赫斯特庄园中的
草药园

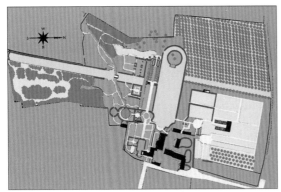

彩图 15　希德考特庄园平面图

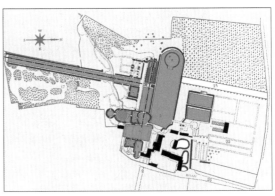

彩图 16　希德考特庄园空间组成及主要视景线

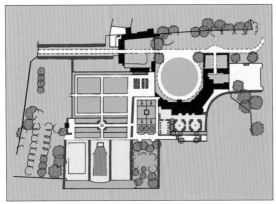

彩图 17　劳德玛屯庄园平面图

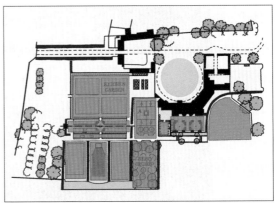

彩图 18　劳德玛屯庄园空间组成及主要视景线

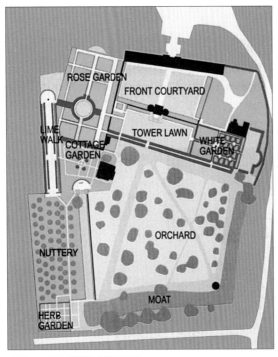

彩图 19　斯塞赫斯特庄园平面图

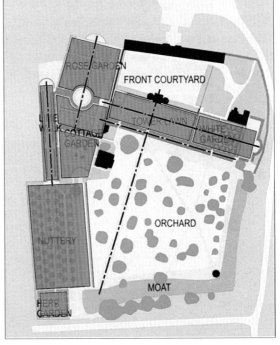

彩图 20　斯塞赫斯特庄园空间组成及主要视景线

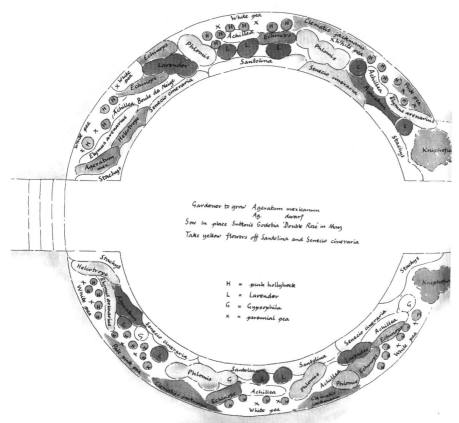

Gardener to grow *Ageratum mexicanum*
Ag. dwarf
Sow in place *Sutton's Godetia 'Double Rose' in May*
Take yellow flowers off *Santolina* and *Senecio cineraria*

H = pink hollyhock
L = Lavender
G = Gypsophila
x = perennial pea

彩图 21
珀乐公园中圆形花园
平面规划图

在背景植物紫柳穿鱼的衬托下，穿插在桂竹香中的白花百合显得格外洁白，三者近似的竖向形态取得了形式上的统一

灰色的蓟和圆球形的神圣亚麻在石墙的衬托下具有雕塑般的感觉。月季花丛与另一端的百合取得均衡，而迷迭香以竖向的线条充实了百合光秃的底部，也与通透的栏杆形成呼应

彩图 22 莫提斯方修道院中的种植设计

彩图 23 赫丝特库姆花园中的种植设计

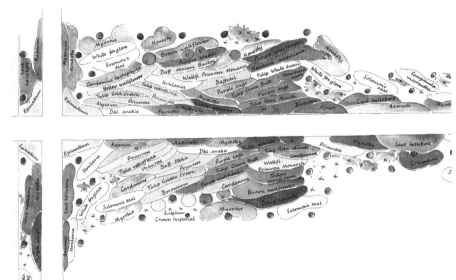

彩图 24
杰基尔设计中流动的
植物组团——漂浮物

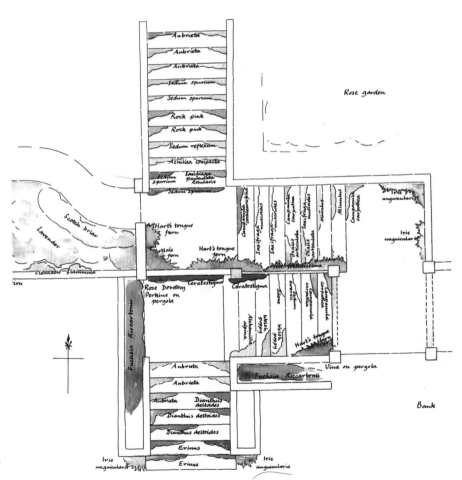

彩图 25
镶嵌在台阶中的植物
组团